KB260487

궁금하면
과학이야

한국여성과학기술단체총연합회 기획

김현정 · 김현진 · 김희 · 문수복 · 석차옥 · 이종은 · 이지현 지음

궁금하면 과학이야!

북수힐

『궁금하면 과학이야!』라는 제목처럼 과학은 세상을 향한 호기심에서 시작됩니다. 저는 오랫동안 수학을 가르치면서 "왜요?"라고 질문하는 학생들의 눈이 반짝이는 순간을 수없이 보아 왔습니다. 그 호기심이야말로 과학으로의 첫걸음입니다.

한국여성과학기술단체총연합회(여성과총)는 청소년들에게 다양한 롤모델을 제시해 왔습니다. 2016년 『과학하는 여자들』을 시작으로 『공학 하는 여자들』, 『벤처 하는 여자들』, 『호모사이언스: 과학하는 여자들 2』까지, 국내외에서 활약하는 여성과학기술인 리더들의 이야기를 담은 책들을 발간했습니다.

이번에 출간하는 『궁금하면 과학이야!』는 그동안의 책들과는 다른 시도입니다. "박사님의 어린 시절이 궁금해요", "어떻게 공부하셨어요?"처럼 평소 많이 받아 왔던 질문들을 갈무리하여 답하는 형식으로 구성했습니다. 존경하는 선배와 커피 한 잔 마시며 이야기 나누듯 편안하게 읽을 수 있을 것입니다.

경영전략에서 물리학, 생물통계학, 의생명과학, 전산학, 항공우주공학, 화학까지 다양한 분야에서 독보적인 연구 성과를 내고 계신 김현정, 김현진, 김희, 문수복, 석차옥, 이종은, 이지현 교수님께서, 어린 시절의 꿈, 실패와 좌절을 딛고 일어선 경험, 연구의 보람에 관한 소회를 솔직하고도 흥미롭게 전해 주셨습니다. 바쁜 일정 속에서도 후배들을 위해 기꺼이 참여해 주신 일곱 분께 진심으로 감사드립니다.

마라톤을 뛸 때면 늘 느끼는 것이 있습니다. 혼자 힘으로 결승점을 통과하는 것 같지만, 사실 그 긴 여정을 함께 뛴 사람들이 있기에 가능하다는 점입니다. 과학의 길도 마찬가지입니다. 이 책에 담긴 선배들의 이야기가 여러분의 든든한 페이스메이커가 되어줄 것입니다.

부디 이 책이 이공계 분야로 진로를 준비하는 청소년들에게 "나도 할 수 있겠다"라는 용기를 전하길 바랍니다. 궁금한 것이 있다면 주저하지 말고 질문하세요. 그 질문이 과학자를 꿈꾸는 여러분을 이끌어줄 것입니다.

끝으로 이 책의 출판을 맡아주신 북스힐 조승식 대표님께 깊은 감사의 마음을 전합니다.

(사)한국여성과학기술단체총연합회
제12대 회장 권오남

차례

정말 중요한 건
"가치 있는 건 무엇인가"
라는 질문이야.

석차옥 | 서울대학교 화학과 교수
국가인공지능전략위원회 분과위원장
한국과학AI포럼 대표의장

🎙️ **박사님의**

어린 시절이 궁금해요. 나는 1970년 12월 26일에 태어났어. 장소는 부산의 어느 기찻길 옆이었대. "기찻길 옆 오막살이, 아기 아기 잘도 잔다"라는 동요가 있는데, 그 동요 속 아기가 바로 나였던 셈이지.

어렸을 때 기억은 거의 없지만, 남동생이 태어났을 때의 기억은 또렷하게 남아 있어. 그때 나는 여섯 살이었고, 이미 여동생도 하나 있었어. 그래서인지 '동생들을 잘 돌봐야지'라는 책임감 같은 걸 어렴풋이 느꼈던 것 같아.

우리 집은 정말 가난했어. 겨울이면 세탁해서 방 안에 걸어 둔 수건이 그대로 얼어붙을 정도였대. 지금의 대한민국을 생각하면 쉽게 상상이 가지 않을 거야. 그때는 우리나라가 아직 개발도상국이었고, 사람들의 생각과 가치관도 지금과는 많이 달랐어.

우리 부모님은 공부를 많이 하신 분들이 아니었어. 어릴 때 내가 "저는 커서 뭘 하면 좋을까요?"하고 여쭤본 적 있는데, 부모님께선 "돈을 많이 벌었으면 좋겠다"라고 말씀하셨지. 그 말이 어린 나에게는 좀 실망스러웠어. "세상에 도움이 되는 일을 해라." 혹은 "훌륭한 사람이 돼라." 같은 멋진 말을 기대했던 것 같아. 지금 생각해 보면, 늘 버겁고 힘든 현실 때문에 부모님에게는 여력이 없었던 것 아닐까 싶어.

얼마 전에 〈인재 전쟁: 공대에 미친 중국, 의대에 미친 한국〉이라는 다큐멘터리를 봤어. 중국 학생들은 "세상에 기여하기 위해 공대에 간다"라고 말하는데, 그 부모들은 "돈을 얼마나 버는가"에 더 관심이 많더라. 반면, 한국 학생이 "의사가 돼서 롯데타워가 보이는 집에서 사는 게 꿈"이라고 말하는 장면이 나왔는데, 그걸 보고 충격받았어. "어떻게 그런 게 어린 학생의 꿈이 될 수 있지?" 이런 생각하는 나, 너무 꼰대 같은가?

나는 아직도 어릴 때 배웠던 인류애, 헌신, 위대한 발견 같은 가치가 정말 소중해. 지금도 일을 하다가 너무 피곤해서 쉬고 싶을 때도 "이건 정말 중요한 일이야"라고 생각하면 다시 힘이 나거든. 그런 가치들이 지금의 나를 움직이게 하는 원동력이야.

어떻게 공부하셨는지 궁금해요.

나는 초·중·고등학교 내내 공부를 잘하는 편이었고, 고등학교 때는 전교 1등을 놓친 적이 없었어. 게다가 '공부밖에 모르는 괴물'처럼 보이고 싶지 않았기 때문에 친구들과도 잘 지내려고 노력했지. 덕분에 평판도 좋은 편이었어. 고등학교 3학년 때 담임 선생님이 그런 나를 보고 "공부도 잘하는데 인성도 좋아서 신기하다"라고 하셨던 기억이 나네.

어릴 때 우리 집에 백과사전 전집이 있었어. 틈만 나면 전권을 읽고 또 읽었지. 그 외에도 위인전, 소설책, 잡지… 책이라면 뭐든 닥치는 대로 읽었어. 그중에서도 특히 우주와 천문학을 좋아했는데, '우주가 팽창한다'라는 개념을 처음 알게 되었을 때 너무 신기하고 재미있었거든. 천문학자들이 쓴 책도 읽어 봤는데, 백과사전처럼 쉽게 이해하기는 어렵더라. 그런데도 '세상 만물에 법칙이 있다'라는 사실 자체가 너무 경이로웠어. 그 원리를 더 알고 싶고, 내가 뭔가 밝혀낼 수 있다면 얼마나 멋질지 상상하곤 했지.

어느 날 새벽, 학교에 가려고 회색빛 아스팔트를 따라 걷다가, 커다란 달이 하늘에 떠 있는 걸 봤어. 그 순간 '운동하는 지구 위에서 있는 나, 그리고 저 멀리 있는 달', 이 셋의 역학 관계가 머릿속에 그려지면서 온몸에 전율을 느꼈어.

좀 특이하지? 그래서인지 또래 친구들끼리 모이면 함께 이야기하며 즐기지 못했어. 대부분 드라마나 연예인 얘기였는데, 나는 그런 대화가 좀 멀게 느껴졌거든. 하지만 내가 좋아하는 걸 같이 얘기할 친구가 없어서 그냥 친구들 말에 맞장구치는 게 다였지.

난 여러 과목들 중 수학을 제일 좋아했어. 특히 고등학교 2학년 때 처음 배운 미적분 개념은 진짜 신기하고 재미있었지. 그런데 3학년이 되었는데도 새로운 개념은 나오지 않고, 2학년 때 배운 걸 반복해서 문제만 풀다 보니 흥미가 뚝 떨어졌어. 그 시기에는 공부가 재미없어지고 우울해져서 마음을 잡기 힘들 정도였지. 슬럼프가 온 거야.

너무 힘들어서 한 번은 현명해 보이는 친구에게 "넌 왜 공부하니?"라고 물어봤지. 그 친구는 "글쎄. 결국은 자기만족을 위해서 하는 것 같아."라고 대답하더라. 대단한 해결책은 아니었지만, 그 말이 이상하게 위로되었어.

대학에 진학하던 해, 서울대학교에 자연 계열 '여자 수석'으로 합격했어. 사람들의 관심도 많이 받고 언론 인터뷰도 꽤 했었는데, 솔직히 조금 짜증이 났어. '여자 수석'이라는 표현이 마음에 들지 않았거든. 시험 과목이 다르니까 자연 계열, 인문 계열로 나누는 건 이해되지만, 굳이 '남자', '여자'를 따로 나눠서 집계할 필요가 있을까? 전국 순위가 7등이었으니 꽤 좋은 성적이었는데, 내 노력과 성과를 '여자인데도 잘했다'라고 평가하는 것 같아서 불편했어.

시간이 지나면서 '여자 수석'이라는 꼬리표가 나쁘지 않을 때도 있었어. 어릴 때 늘 생활기록부에 '과묵함'이라고 적혀 있을 정도로 말수가 적은 편이었는데, 생각은 많았지만 그걸 말로 표현하는 게 어려웠거든. 물론 지금도 마찬가지야. 그런데 사람들이 '여자 수석'이었다는 사실을 알면, "말은 좀 서툴러도 똑똑한 사람이겠네"라며 좋게 봐주는 것 같더라고.

아, 그때 많은 사람이 궁금해했던 '여자 수석이 된 비결'을 알려 줄게.

나는 시험을 보고 난 뒤엔 틀린 문제를 열심히 분석했어. 그 문제를 왜 틀렸는지 실수의 원인을 하나하나 파헤치던 중 '실수도 습관'이라는 걸 알게 됐지. 문제를 풀 때 잘못된 개념을 자동으로 떠올리는 버릇이 있더라. 그래서 그걸 '신경세포 연결이 잘못된 것'이라고, 의식적으로 집중해서 고치려 노력했지. 수학 기호도 더 깔끔하게 쓰려고 계속 연습했어. 실수를 분석하고, 고치려고 꾸준히 노력했던 게 나만의 공부 비결이었지.

'여자 수석'이라는 표현이 마음에 들지 않았거든. 시험 과목이 다르니까 자연 계열, 인문 계열로 나누는 건 이해되지만, 굳이 '남자', '여자'를 따로 나눠서 집계할 필요가 있을까?

중요한 비결이 하나 더 있어. 바로 잠이야!

요즘 학생들은 밤늦게까지 학원에 다니고, 충분하게 못 자는 경우가 많다더라. 그건 정말 안타까운 일이고, 절대 올바른 방향이 아니야. 수면은 정말 중요하거든. 나는 잠을 제대로 못 자면 맥을 못 추는 체질이라서 수면을 중요하게 생각했고 언제나 충분한 수면을 취했어.

그러니까 충분히 자고, 실수의 원인을 잘 분석해 보길 바라. 그게 공부를 잘하는 비결이고 핵심이니까.

🎙️ 공부하면서 제일 힘들었던 건 무엇인가요?

솔직히 말하면, 나는 공부하면서 어려움을 느낀 적이 거의 없었어. 공부도 재미있었고, 노력한 만큼 결과도 따라와 주었으니까.

그런데 지금처럼 경쟁이 치열한 시대였다면 어땠을까? 잘할 수 있을 거라고 말할 자신이 없네.

앞에서도 말했듯이 우리 집 형편은 경제적으로 힘들었거든. 한 번이라도 멀쩡한 우산을 써 본 기억이 없을 정도야. 늘 살짝 고장 난 우산을 들고 다니는 게 창피했던 기억이 생생해.

지금 같은 시대에 학원에 다니지 못하고 혼자 공부한다면 버틸 수 있을까? 아마 쉽지 않을 것 같아. 요즘은 인터넷 강의도 있고, 성적이 좋으면 장학금도 받을 수 있으니 어떻게든 방법은 있을 거야. 하지만 그때 당시 환경 그대로 지금의 학교에 다닌다면 공부하기 쉽지는 않을 것 같아.

아, 힘들었던 적 있었다. 고3 때 공부가 재미없어지면서 슬럼프가 왔을 때 한동안 마음 잡기가 정말 힘들었지. 나에게 장애물은 집안 형편이 아니라 내 마음이었던 거야.

학원을 다닌 적도 있었네. 고등학교에 다닐 때는 아니었고, 학력고사가 끝난 뒤 컴퓨터 학원에 다니면서 프로그래밍을 배웠지. 대학에 다니면서 독학으로 컴퓨터 공부를 계속했고, 그게 나중에 컴퓨터를 활용한 계산 화학을 연구할 때 큰 도움이 되었어. 나중에 융합 연구가 가능했던 것도 미리 컴퓨터를 배워둔 덕인 것 같아.

대학이나 대학원 공부도 어렵지 않았고, 공부하는 게 좋았어. 박사 과정을 마치고, 더 이상 시험이 없다는 사실이 조금 아쉬울 정도였지. 공부 얘기는 이쯤 하고, 인생에서 마주쳤던 장애물에 관해서도 얘기해 볼게.

내 장애물은 언제나 외부가 아니라 내면에 있었던 것 같아. 불확실한 미래가 주는 막연한 불안감이 제일 힘들었는데, 특히 박사 학위 이후 박사후 연구원 시절 그 불안감이 가장 컸어. 그럴 때마다 '지금, 이 순간에도 나는 내가 바라던 과학자의 길을 걷고 있다'라고 생각하면 큰 위로가 되었지.

회사를 창업하고 그런 시기가 또 찾아 왔어.

우리가 꿈꾸던 혁신적인 기술의 첫 번째 결과물이 나오기까지 무려 2~3년이 걸렸거든. 미래를 예측할 수 없으니, 결과를 확신할 수 없었어. 하지만 일단 시작한 이상 물러설 수 없었고 내가 책임자이니 최선을 다해서 이끌어가야 했지.

놀랍게도 어느 순간, 계획했던 단계가 하나하나 해결되는 순간이 오더라. 그건 정말 감격스러운 경험이었어. 함께했던 동료들을 믿고, 모두가 진심으로 최선을 다했기 때문에 가능한 일이었지.

앞으로도 장애물은 계속 있겠지만, 대학이라는 세계를 넘어 현실에서 가치 있는 무언가를 창출하는 일은 보람 있고 재미있어서 계속할 것 같아. 그 과정에서 개인의 미래뿐 아니라, 우리 사회 전체의 미래에 대해서도 자연스럽게 생각하게 되었어. 나이가 들어서 생긴 변화일 수도 있고, 시대가 나에게 던지는 사명인 것 같기도 해.

특히 AI 혁신이 폭발적으로 일어나는 지금, 과거와 현재 사이의 극적인 변화를 보며, 어떻게 미래로 확장될지를 고민하게 돼.

혹시 아이작 아시모프의 소설 『오류 불허』를 읽어 본 적 있니? 1990년, 개인용 컴퓨터가 막 등장할 무렵에 발표한 단편소설인데, 꽤 섬뜩하고 정확하게 예측한 미래가 담겨 있어. '오류를 허용하지 않는 컴퓨터'가 진화해서 작가의 문체까지 흉내 낸 소설을 쓰는 과정을 담은 이야기인데, 지금의 AI와 놀랄 만큼 많이 닮아 있지.

그걸 보면 우리도 미래를 잘 예측하고 준비해야 한다는 걸 절실히 느끼게 돼. 지금까지 세상을 탐구해 왔고, 앞으로도 탐구하게 될 나에게 지금 마주하고 있는 가장 큰 장애물은 결국 이 질문이겠네.

"앞으로 미래를 어떻게 예측하고, 어떻게 대비할 것인가?"

"앞으로 미래를 어떻게 예측하고, 어떻게 대비할 것인가?"

장애물인 동시에 계속 진행 중인 숙제이고, 앞으로도 한동안 나를 움직일 중요한 원동력이 될 것 같아.

🎙️ 화학을 선택한 특별한 이유가 있나요?

나를 움직이게 하는 삶의 에너지에 대해 생각해 본다거나, 나의 내면을 들여다 보며 내가 어떤 사람인가 알아가는 시간이 꼭 필요하다고 생각해.

나는 어렸을 때부터 혼자 생각을 많이 하는 아이였어. 덕분에 내가 좋아하는 것, 싫어하는 것, 무엇을 중요하게 여기는지에 대한 기준이 분명했지.

초등학교 4학년 때, 담임 선생님께서 "무언가를 자세히 관찰하고, 그것에 대해 글로 써 오라"고 하셨어. 나는 내 안경을 선택했지. 안경을 이리저리 관찰하고 글을 쓰다 보니 계속 쓸거리가 생기더라. 그때 알았지. 나는 관찰하고 이해하는 과정 자체를 좋아하며 흥미를 느끼는 사람이라는 것을.

그건 나만의 특별함이었어. 진화학적으로도 주변을 잘 관찰하고 이해하는 동물일수록 생존 가능성이 더 높아질 테니 이런 특성은 꽤 유리한 능력이라는 생각이 들었지. 그리고 그건 결국 내가 과학자가 될 수 있는 이유였던 것 같아.

중학교 1학년 때는 과학 선생님과 교실 밖에서 개미에 대해 이야기를 나눈 기억이 있어. 그 시간이 너무 즐거워서, 집에 돌아가는 길의 풍경까지도 아름답게 기억날 정도였지.

2학년 때는 과학 선생님이 여자 분이셨는데, 정말 논리정연하게 잘 가르쳐 주셨어. 수업 시간에 선생님께서 나에게 '뉴턴의 운동 법칙'을 설명해 보라고 시키셨던 게 지금도 기억나.

그 당시에도 우리 집은 여전히 가난했어. 온수가 안 나오는 집에 살다 보니 겨울이 되면 손등이 늘 터 있었지. 어느 날 선생님과 교무실에서 이야기를 나누다가 선생님의 부드럽고 하얀 손을 보고, 내 손이 부끄러웠던 기억도 나. 선생님께선 나를 많이 아껴 주셨고, 나도 선생님을 정말 존경했어. 그래서인지 과학 시간은 언제나 재미있고 특별했었지.

고등학교 때는 물리 선생님을 좋아했어. 물리 선생님의 명료하고 간결한 말투와 깔끔한 수업 방식이 너무 멋졌거든. 수업을 들으면 이 세상의 원리, 우주 만물의 법칙이 눈앞에 펼쳐지는 것처럼 상상할 수 있었고, 모든 것이 또렷하게 이해됐어. 정말 재미있고 설레는 경험이었지.

물리학자가 된 나를 상상해 보기도 했어. 입자와 반입자가 만나서 에너지로 변한다는 개념 같은 걸 이해하고 연구하는 내 모습은 당시 상상력으로는 쉽지 않았지.

그런데 화학은 쉽게 상상할 수 있었어. 화학은 나한테 조금 더 현실적이고, 손에 잡히는 느낌이었거든. 질량 보존의 법칙? 너무 당연하잖아. 반응 속도의 법칙? 미분만 조금 알면 쉽게 유도할 수 있고. 그렇게 단순한 기준으로 물리학보다는 화학을 선택했던 거야. 만약 그때 누군가 "발견의 과정과 배움의 과정은 다르다"라는 걸 알려 주었다면 물리를 선택했을지도 몰라.

어쨌든 나는 과학을 정말 사랑하는 아이였고, 특히 물리를 더 좋아했었어. 물리 대신 결국 화학을 선택하긴 했지만 잘한 일인 것 같아.

화학과에서는 어떤 걸 배워요?

대학 진학을 앞두고 어떤 전공을 선택해야 할지, 앞으로 어떤 직업을 가져야 할지 고민이 많겠지? 그런데 너무 깊게 고민하지는 마. 왜냐하면 앞으로는 '전공'이라는 게 큰 의미가 없을 수도 있거든. 그보다 더 중요한 건, '자기 자신을 얼마나 잘 알고 있느냐'인 것 같아.

요즘 AI가 얼마나 빠르게 발전하는지 알고 있지? 난 몇 년 전만 해도 지금처럼 사람과 비슷하게 말하고 글도 쓰는 AI는 소설이나 영화에만 나오는 거라고 생각했어. 그런데 지금, 이 속도로 발전한다면 몇 년 이내에 사람들이 하는 일 대부분을 AI가 대신할 가능성이 커질 거야.

우리 세대는, '생존을 위해 어떤 수단이 필요할까'를 고민하고,

그 수단이 될 기술을 익히는 데 많은 시간을 쏟았어. 그런데 지금은 그 기술의 상당 부분을 AI가 대신할 수 있게 되었지. 그래서 앞으로는 '무엇을 할 수 있느냐'가 아니라, '무엇을 하고 싶은가'를 고민해야 할 거야. 다시 말하면 '수단'보다 '목적'이 더 중요해지는 시대라는 거지.

미래를 정확히 예측할 수 없지만, 우리는 앞으로 '어떤 삶을 살고 싶은지', '무엇이 가치 있고 의미 있는 일인지'를 생각하며 살아야 할 것 같아. 나는 어른 세대로서, 이 변화의 흐름이 너희 세대에 더 나은 세상으로 이어지길 바라는 마음으로 일하고 있어.

과학자로서 많은 공부를 해 왔지만, 내가 알고 있는 과학 지식은 나만의 것이 아니야. 인류 전체가 오랜 시간 동안 쌓아 온 지식의 일부이고, 그 지식이 모두 AI를 통해서 하나로 모이고 있어. 정보가 모여서 서로 연결되면 지금까지와는 다른 새로운 세상이 열릴 수 있어. 그런 세상은 어떤 모습일까, 정말 궁금하지 않니?

아, 화학에서 무엇을 배우는지 얘기해야 하는데, 서론이 좀 길어졌네. 이제 진짜 화학 이야기를 해 볼게.

화학은 정말 괜찮은 학문이야. 물리학에서 다루는 물질세계를 지배하는 기본 원리를 비롯해 생물학에서 다루는 생체 시스템과 생체분자를 배우고, 유기화학에서 다루는 유기 분자를 합성하는 방법과 분자에 의해 정해지는 물질의 특성이 어디에서 유래하는지, 그리고 지구화학에서 다루는 환경 변화나 반응에 대해서도 배우며, 심지어 핵반응과 맞닿은 영역까지도 살짝 맛볼 수 있어. 화학을 전공하

면 이렇게 다양한 영역을 폭넓게 배
울 수 있는 거지.

내가 화학을 선택하길 매우
잘했다고 생각한 이유이기도 해.
덕분에 나는 지금, 여러 분야를 넘나드
는 융합 연구를 할 수 있게 되었거든.

예전에는 과학이 지금처럼 세부 분야로 나뉘어 있지 않았어.
유명한 예술가이자 과학자, 발명가로 알려진 레오나르도 다빈치를
예로 들어 볼게. 그는 천재였기 때문에 모든 분야에서 뛰어났던 걸
수도 있지만, 그냥 '하고 싶은 걸 하면 되는' 시대였기 때문에 가능
했다고 생각해.

화학의 아버지라 불리는 라부아지에도 그래. 산소를 발견한
그는 그걸로 생명체의 호흡을 설명하고, 농업과 물질 변화에 관한
연구까지 했어. 물리학과 생물학, 화학이 뒤섞인 연구였지. 필요하
면 관련된 여러 분야를 함께 연구했던 거야.

시간이 지나고 과학적 지식이 점점 더 깊고 넓어지면서 과학
자들은 하나의 세부적인 분야만 다루는 경우가 많아졌어. 그런데 이
런 흐름은 앞으로 AI 덕분에 다시 통합되는 방향으로 바뀔 수 있다
고 생각해.

어떤 걸 연구하세요?

만약 화학자 100명을 만난다면, 아마 100명 모두 다른 연구를 하고 있을 거야. 왜냐하면 과학자는 늘 '아직 아무도 하지 않은 것'을 탐구하고, 화학은 세부 분야가 다양해서 연구 주제도 넓게 세분되어 있기 때문이지.

전통적으로 화학은 크게 유기화학, 무기화학, 물리화학, 분석화학, 생화학 등으로 나뉘어. 나는 그중에서 물리화학, 그중에서도 계산화학computational chemistry을 연구하고 있어. 쉽게 말하면, 실험실에서 재료를 직접 만지는 대신, 컴퓨터를 이용해 분자의 구조와 움직임을 분석하는 일이야.

언젠가부터 이렇게 과학의 분야를 나누고 있지만, 세상은 애초에 통합적으로 존재하는 거잖아. 특히 요즘은 분야 간의 융합에서 훨씬 더 흥미롭고 창의적인 발견이 많이 나오는 것 같아. 그게 지금 시대의 흐름이고, 아마 앞으로는 더 그럴 거야.

사실, 과학자는 "무슨 연구 하세요?"라는 질문을 받으면 끝도 없이 얘기하는 버릇이 있거든. 다른 사람은 별로 궁금하지 않은 것까지도 말이야. 내가 지금 하고 있는 이야기도 좀 그렇지? 조심스럽게, 최대한 간단하게 어떻게 내가 지금의 연구를 하게 됐는지 설명해 볼게.

나는 어릴 때부터 "세상은 어떻게 작동할까?"라는 질문에 매료되어 있었어. 그 원리를 알게 되면, 세상 전체를 이해할 수 있을 것 같았거든. 그리고 화학은 그게 가능할 것 같아서 멋져 보였어. 작디 작은 분자로 이루어진 물질세계의 원리를 알게 되면, 우리가 직접 물질을 설계하고 창조할 수 있는 거야. 정말 대단한 일이지!

세상에 큰 도움이 될 수도 있지만, 반대로 잘못 쓰이면 위험할 수도 수도 있어. 즉 책임감이 필요한 일이지. 요즘은 그게 돈이 되는 세상이더라. 2020년에 제자들과 함께 창업해서 지금은 꽤 주목받는 바이오벤처 회사 CEO 역할도 하고 있거든.

박사 과정에서는 이론화학theoretical chemistry을 선택했어. 물질세계의 원리를 더 깊이 이해하고 싶었거든. 이론은 정말 아름다운데, 막상 연구 현장에서 접한 이론화학은 생각만큼 멋지지 않더라. 실제 연구는 너무 세부적이고, 현실과 잘 연결되지 않는 작업이 많았어.

특히 이론화학 분야는 1900년대 초에 시작돼서 지금까지 방대한 연구가 쌓여 있었어. 다시 말하면 기존 방식으로는 더 이상 새롭게 발견될 게 많지 않다는 얘기야.

그 당시 '계산화학'이라는 분야가 떠오르고 있었어. 수학적으로 풀기 어려운 문제를 컴퓨터로 계산하고 시뮬레이션하는 방식이었지. 솔직히 말하면, 계산화학도 별로 흥미롭지 않았어. 나에게는 '계산만 열심히 하는 기술'처럼 보였고, 이론적 통찰을 주는 느낌은 없었거든. 이런 고민 속에서 내가 중요하게 여긴 두 가지 가치가 드러났어.

첫째, 내 연구가 실제로 어디에 쓰일 수 있는가?

둘째, 현상 이면의 원리를 이해해서 통찰을 얻는 일인가?

실용적인 가치가 있고 과학자로서 중심을 잡고 능력을 발휘할 수 있는 연구 주제를 고민하다가, 마침내, '단백질의 구조와 기능'에 대한 연구로 정했어.

단백질은 생명을 이루는 가장 중요한 분자이고, 20가지 아미노산이 특정한 순서로 연결되어서 아주 복잡하고 정밀한 기능을 수행하거든. 단백질 구조를 이해하고 기능을 조정할 수 있다면, 질병을 일으키는 원리도 이해할 수 있고 치료제를 개발하는 데도 직접적으로 도움이 돼.

그래서 박사후 연구원으로 UCSF_{University of California, San Francisco}(캘리포니아 대학교 샌프란시스코 캠퍼스) 약학화학과에 갔어. '단백질 접힘' 이론의 창시자 중 한 분인 켄 딜 교수님이 연구팀을 이끌고 있었지. 켄 딜 교수님은 내가 나만의 연구 분야를 새롭게 개척할 수 있도록 기회를 주고 배려해 주셨어.

그렇게 단백질 분자의 구조를 예측하는 컴퓨터 프로그램을 개발하게 됐어. 내 연구는 신약 개발로 연결될 가능성도 있고, 생명체 전체에 대한 더 깊은 이해로 나아가는 길이기도 해.

2024년, 이 분야에서 노벨화학상 수상이 이루어졌어. 구글 딥마인드의 알파폴드_{AlphaFold}가 AI로 단백질의 3차원 구조를 예측하는 데 획기적인 성과를 냈거든. '단백질 구조 예측 및 설계 분야'는 내가 연구하는 분야여서 놀랍고 또 반가웠어.

노벨화학상 수상자 세 명 중 한 명인 존 점퍼 박사는 나랑 같은 연구실 출신이야. 화학, 물리학, 생물학을 두루 공부한 과학자인데, 딥마인드 연구원으로 알파폴드 개발과 연구에서 큰 역할을 했지.

같이 상을 받은 데미스 하사비스는 "지능을 이해하고, 그것으로 세상의 문제를 푼다"라는 꿈을 가진 천재로 유명한 사람이야. AI의 미래를 생각하며 창업까지 해서 지금의 일을 이루어냈지. 동시에 AI의 위험성에 대해서도 진지하게 경고하고 있어. 2024년 노벨물리학상 수상자인 제프리 힌튼도 같은 경고를 하고 있지. 하지만 지금은 AI 강의 시간이 아니니까, 이쯤 할게. 궁금하면 자료를 더 찾아보도록 해. 진짜 중요한 주제니까 도움이 될 거야.

공동 수상자인 데이비드 베이커 교수님은 인공 단백질 설계를 이끌어 온 선구자야. 알파폴드 개발 소식을 듣고 바로 로제타폴드라는 AI를 개발했고, 그걸 기반으로 단백질 설계 AI 기술을 빠르게 적용했지.

이 로제타폴드가 개발될 때 백민경 박사의 주도하에 연구가 이루어졌어. 백민경 박사는 지금 서울대 생명과학부 교수인데, 내 제자 중 한 명이기도 해. 이 분야에서는 우리나라도 세계적인 경쟁력이 있다고 자부할 수 있어.

내가 제자들과 함께 창업한 회사는 데이비드 베이커 교수의 기술과 비슷하면서도 달라. 더 정밀한 구조 예측 AI를 개발했거든.

이미 치료제 수준의 단백질을 직접 설계하고 신약 개발에도 적용 중이야. 다양한 분야에 적용하면서 성과를 내고 있고, 기술 수준은 세계적으로도 충분한 경쟁력이 있다고 자부할 수 있어.

나는 진심으로 바라는 게 있어.

이 기술이 우리 회사만 잘 되는 것이 아니라, 우리나라 바이오 산업 전체에 기여하고, 우리 경제에도 긍정적인 영향을 주는 방향으로 이어졌으면 해. 그리고 정말 많은 사람이, 이 기술을 통해 더 건강하고 나은 삶을 살 수 있었으면 좋겠어.

그게 내가 연구자로서 앞으로도 계속 걸어가고 싶은 길이야.

🎙 무엇을 잘해야 화학자가 될 수 있나요?

무엇이 되기 위해 가장 필요한 건 뭘까? 나는 '그 무엇이 되고 싶다는 마음'이 중요한 것 같아.

화학자도 마찬가지야.

현실적으로는 대학에서 화학과나 관련 학과를 전공하는 게 가장 자연스럽겠지. 복수 전공이나 부전공을 선택할 수도 있지만, 결국 가장 중요한 건 "나는 화학자가 되고 싶은가?"라는 질문이야.

고등학생인데 당연히 화학자가 어떤 일을 하는지 잘 모르겠지. 다른 직업도 많고, 구체적으로 어떤 일을 하는

결국 가장 중요한 건
"나는 화학자가 되고 싶은가?"
라는 질문이야.

지도 모를 나이잖아. 그러니 정확하게 지금 뭘 하고 싶은지 알기가 얼마나 어렵겠어. 그래서 나처럼 먼저 공부하고 일한 사람 이야기가 필요한 거겠지.

나는 지금의 교육제도가 괴물 같다고 생각해. 정말 흥미로운 내용을 재미없게 배우고, 나중에 필요하지도 않은 것들을 억지로 외우며 공부하다니! 정작 정말 중요한 건 제대로 가르치지 못하는 이 현실이 답답할 때가 있어.

전문가가 다루는 화학은 중·고등학교에서 배우는 화학과는 전혀 달라. 다른 과학 분야도 마찬가지일 거야. 과학이라는 학문은 우리의 조상들이 세상을 살아가면서 쌓아 온 지식과 지혜의 집합체야. 물질세계에 대한 문명적 유산이지. 우리 중 어떤 사람은 그 유산을 이어가는 역할을 하고, 다른 많은 사람들은 각자의 분야에서 그 유산을 누리며 살아가겠지.

조상 대대로 내려온 지식이 과학이라는 학문으로 자리 잡은 건 그리 오래전 일이 아니야. 근대 과학은 약 2~3백 년 전에 과학적 방법론을 확립했고, 현대 과학은 100년 정도의 역사가 있어. 그 짧은 기간 동안 비약적으로 발전하여 수많은 연구 결과가 쌓였고, 그 결과가 '데이터'라는 형태로 정리되기 시작했어.

눈치챘지? AI 이야기가 등장할 거라고 생각했다면 맞아.

우리가 사용하는 언어모델(텍스트를 이해하고 생성하는 인공지능 모델. 다양한 언어 처리 작업에 활용)도 어마어마한 데이터를 학습하면서 성장해 온 거야.

과학 분야도 알파폴드를 시작으로 '과학 AI'가 아주 빠르게 발전하고 있어. 나는 이런 미래를 준비하기 위해 '한국과학AI포럼'이라는 단체를 설립했어. 우리나라가 과학 AI를 주도하는 나라가 되어 더 많은 사람이 함께 잘 사는 길이 열리기 바라는 마음으로 일하고 있지.

AI 시대에는, "가치 있는 건 무엇인가"에 대한 기준이 정말 중요해질 거야.

왜 했던 이야기를 또 하냐고? 나는 우리 아이들이 '좋은 집에 사는 것'만을 인생의 목표로 삼지 않기를 진심으로 바라고 있기 때문이야. 요즘 아이들에게 정말 중요한 '공동체적 가치'를 제대로 가르치지 못하는 것 같아서 너무 안타깝고, 미안한 마음이 들어.

아, 또 말이 옆으로 샜네. 결론은 이거야.

물질로 이루어진 세상에 관해 관심이 있다면, 학교에서 배우는 화학이 재미있다면, 과학자가 되고 싶다는 마음이 있다면, 아니면 그냥 화학이 멋있어 보인다면, 그중 단 하나라도 마음에 와닿는 게 있다면, 넌 이미 화학자가 될 준비가 되었어. 멋진 화학자가 되길 응원할게.

🎙️ 화학을 전공하면 어떤 일을 할 수 있나요?

"어떤 전공을 하면 전망이 좋나요?"

"이걸 하면 어떤 직업을 가질 수 있나요?"

학생들이 자주 물어보는 질문인데, 나는 이렇게 대답해.

"이제 그런 건 중요하지 않은 시대가 됐어. 앞으로는 네가 누구인지, 무엇을 하고 싶은지가 훨씬 더 중요해."

세상은 앞으로 훨씬 더 빠르게, 더 크게 변할 거야. 그러니 과거에 어땠다든가, 요즘엔 뭐가 뜬다든가 하는 말들에 너무 귀 기울일 필요는 없어. 진짜 중요한 건 스스로를 아는 것, 그리고 나 자신을 찾아가는 과정이야. 그 안에서만 나만의 특별함이 드러날 수 있어.

그런 의미에서 전공은 그냥 '멋있어 보이는 것'을 선택하면 돼. 대신! 여기서 말하는 '멋있음'은 다른 사람이 의견이 아니라, 네가 진짜 멋지다고 느끼는 것이어야 해. 그게 바로 너한테 가장 잘 맞는 거고, 결국엔 그게 가장 좋은 선택이 될 거야. 나에게 화학은 그런 전공이었어. 돌이켜보면 마치 정해진 시나리오처럼 자연스럽게 화학으로 이어진 것 같아.

가끔은 "내가 물리학이나 수학을 전공했더라면 어떤 인생을 살았을까?"라는 생각도 하곤 해. 어쩌면 전혀 다른 삶을 살았을 수도 있지만, 운명적으로 지금의 삶으로 연결되었을 것 같기도 해.

중요한 건 무엇을 전공했든, 나는 결국 나였을 거라는 거야. 내가 중요하게 여기는 가치, 내가 좋아하는 사람들, 내가 흥미를 느끼는 것들은 크게 달라지지 않았을 것 같다는 말이지.

화학은 누구에게나 멋진 전공이 될 수 있어. 아까 말했듯, 다양한 경험을 제공해 주는 분야거든. 예를 들어, 수학을 좋아하는 사람은 물리화학이나 양자화학에서 큰 기쁨을 느낄 수도 있어. 하지만 동시에 유기화학의 복잡하고 완전하지 않은 논리에 좌절하거나, 외워야 할 게 너무 많은 생화학 때문에 머리를 쥐어뜯을 수도 있지.

반대로, 새로운 물질을 창조하는 유기화학의 세계에 푹 빠진 사람이 양자화학의 수식 덩어리 앞에선 고개를 절레절레 흔들 수도 있어. 기쁨과 절망이 공존하는 곳, 그게 화학과야.

화학과의 과목은 정말 많고, 전부 다 달라.

물리학과는 대부분의 교수님이 주요 기초 과목들을 함께 가르칠 수 있는데, 화학과는 그렇지 않아. 1학년 화학조차도 어떤 부분은 쉽고, 또 어떤 부분은 정말로 어려워. 하지만 그 어려움을 견뎌낸 사람에겐 풍성한 보상이 주어지지.

"서당 개 3년이면 풍월을 읊는다"라는 속담 알지? 어느새 자연스럽게 다양한 과학 분야의 교양인이 되어 있는 자신을 발견할 수 있을 거야. 물론, 이건 나만의 착각일 수도 있지만, 나는 그게 화학을 하면서 얻은 큰 축복 중 하나였거든.

앞으로의 시대를 정확하게 예측할 수는 없지만, 확실한 건 변화가 더 빨라질 거라는 점이야. 그럴수록 가능한 한 많이 알고 있는 것이 유리하지 않겠어? 그렇다면 과학 분야 중에선 감히 화학이 최고라고 말할게. 다른 학과 교수님들이 이 글을 보시면 어떠실지 모르지만 내 생각은 그래.

만약 대학이나 연구소, 기업에서 연구원이 되고 싶다면 학사이상, 석사·박사 학위까지 이어가는 게 좋아. 반면 연구가 적성에 맞지 않는다면, 학부 졸업 후 관련 기업에 들어가서 필요한 기술을 배워가며 일하는 길도 있어. 공무원이 되어도, 학위와 상관없이 다양한 방식으로 사회에 기여할 수 있고. 창업의 기회도 생길 수 있어.

세상은 지금, 이 순간에도 변하고 있고, 앞으로는 훨씬 더 흥미진진해질 거야. 그러니까, 새로운 걸 두려워하지 말고, 하고 싶은 일에 과감하게 도전해 봐. 어떤 전공을 택하든, 그 길을 너답게 걸어가는 것이 결국 가장 멋진 선택일 테니까.

🎙️ 일하시면서

어떤 보람을 느끼나요?　이 '보람'이라는 말, 조금 묘한 단어같지 않니? 어딘가 조금은 '강요된 의미'가 있는 것 같아. 그에 비해 '행복'은 좀 더 자연스럽고 자발적인 느낌이 드는 말이랄까.

나는 일할 때, 그 일 자체에 몰입해서 '아무 생각 없이 집중하는 시간'이 가장 건강하고 아름다운 상태인 것 같아. '농사는 최고의 삶'이라고 러시아의 대문호 톨스토이가 말한 바 있는데, 아마 같은 의미일 거야.

중요한 조건이 하나 있어. "이 일을 내가 정말 하고 싶다"라는 마음. 그 마음이 없다면, 아무리 잘하고 보람 있는 일이라도 몰두할 수 없고, 결국 행복이나 충만함 같은 것도 느껴지지 않거든.

요즘, "의사가 돼서 롯데타워가 보이는 집에 살고 싶다"라고 말한 학생 인터뷰가 자꾸 생각나. 그 학생이 세상에서 가치 있다고 생각하는 건 뭘까? 그 많은 가치 중에서, '조금 더 가치 있는 것'과 '덜 가치 있는 것'의 차이를 어떻게 판단하고 있을까?

앞으로 AI와 과학기술 덕분에 세상은 지금보다 훨씬 더 편하고 풍요로워질 거야. 그럴수록 정말 중요한 건 "가치 있는 건 무엇인가"라는 질문이야. 좋은 수단이 많아지면, 그걸로 가치 있는 일을 할 수도 있지만, 해로운 일도 더 쉽게 할 수 있게 되니까.

나는 운이 좋았어. 내가 가치 있다고 믿는 일을, 하고 싶은 방식으로 할 수 있었으니까. 사회적 보상도 어느 정도 받으면서 말이야. 지금 이렇게 글을 쓰고, 조언 비슷한 이야기를 하고 있는 것도 그 덕분이고, 정말 감사한 일이지.

사실 내가 해 줄 특별한 조언이 많지는 않을 거야. 내 얘기를 재미있다고 느낄 수도 있지만 지루하다고 느낄 수도 있을 거고. 하지만 내 이야기가 너를 돌아보는 계기가 된다면, 그게 나에겐 큰 보람일 거야.

사람들은 "나 자신을 잘 안다"라고 말하지만, 정말로 자기 마음을 깊이 들여다보는 일은 쉽지 않아. 그걸 살아오면서 몸으로 느꼈기 때문에 어린 친구들에게 말할 기회가 생기면 꼭 알려 주고 싶었어.

살면서 원하는 것을 항상 얻을 수는 없거든. 그럴 때 바깥세상을 바꾸는 것보다 내 안의 세상을 들여다보는 게 더 현실적이야.

"내가 왜 이걸 원하지?", "정말 원하는 게 이거 맞을까?"라는 질문을 던지고 답을 찾아 자기 내면을 하나하나 벗겨내고 들여다보는 일은 생각보다 마음을 편하게 해 줘. 그러다 보면 세상을 더 부드럽게 받아들이고, 조금씩 성숙해지는 자신을 발견하게 될 거야.

일을 하면서 보람을 느끼는지 물었는데, 일과 관계없는 이야기를 하는 것처럼 느껴질 수도 있겠다.

나에게 보람이라는 건, 일을 통해 무언가를 성취하는 것보단 일을 하면서 나 자신을 돌아보게 되는 개인적 성찰에 더 가까워. 조용히 나를 들여다보는 시간에서 보람을 느끼기 때문이야. 이 글을 읽고 있는 네가 어떤 일에서 보람을 느끼는지 나도 궁금해. 너도 나처럼 너만의 보람을 찾으며 행복하길 바라.

🎙 리더십에 관한 생각도

듣고 싶어요. 난 리더십이란 말을 성인이 되고 나서 본격적으로 듣기 시작했어. 요즘과 달리 내가 어릴 때는 낯선 단어였고, 따라서 개념조차 알지 못했지. 그런데 요즘은 리더십이 무엇인지, 왜 모든 사람에게 중요한지를 자주 생각하게 돼.

흔히 리더십은 '리더에게 필요한 능력'이라고 생각하잖아? 하지만 나는 그렇지 않다고 생각해. 우리는 누구나 다른 사람들과 함께 살아가고, 그 과정에서 자연스럽게 중심이 되는 순간을 맞게 되니까.

나는 지금 대학에서 연구실을 운영하고, 회사도 함께 경영하고 있어. 그래서 전보다 더 자주, 더 깊이 '훌륭한 리더십이 무엇인지' 생각하게 돼. 그런데 돌아보면 예전부터, "연구실을 어떻게 잘 운영할 수 있을까?", "대학원생들과 어떻게 하면 좋은 협업을 할 수 있을까?"를 정말 많이 고민했던 것 같아.

이공계 교수의 역할은 '대학생을 가르치는 것'과 '대학원생들과 함께 연구를 이끌어가는 것'이거든. 그 과정은 단순한 지도가 아니라, 진짜 팀워크와 리더십이 필요한 일이기 때문이겠지.

최근에 리더십에 대해 깊이 공감했던 책이 있는데, 권오현 전 삼성전자 부회장이 쓴 『초격차』라는 책이야. 그분은 리더십의 첫 번째 덕목으로 '인티그리티Integrity(진실성)'를 꼽았는데 그 점이 무척 인상 깊었어. 기술로 초격차를 유지해야 하는 기업의 최고 경영자가 '정직하고 성실한 인격'을 가장 먼저 언급했다는 게 의외면서도 공감이 갔어.

나 역시 리더십의 핵심은 그 사람의 인격에서 나온다고 생각하거든. 아무리 똑똑하고 능력이 뛰어나도 신뢰할 수 없는 사람은 리더가 될 수 없고, 이와 반대로 정직하고 성실한 사람이라면 자연스럽게 다른 사람을 이끌게 되는 법이니까.

다른 사람에게 존경받고 신뢰받는 사람이 되려면, 나 자신도 진심으로 다른 사람을 믿고, 존중하며, 좋아할 수 있어야 한다고 생각해. 함께 일을 잘해 나가려면, 상대가 무엇을 원하고, 무엇을 잘하는지 잘 알아야 하잖아. 그러려면 그 사람에 대해 진정한 관심이 있어야 해. 그 사람의 처지에서 생각해 보고, 그가 가진 사정과 마음을 이해해 보려는 마음이 먼저 있어야 하지. 그와 동시에 그 사람을 진심으로 좋아하면서도, 그 사람의 역량을 냉정하게 평가할 수 있어야 해. 조금 차갑게 들릴 수도 있지만, 리더라면 그런 균형 있는 시선이 정말 중요하다고 생각해.

모든 사람에게는 양면성, 아니 다면성이 있잖아. 너도 내면을 깊이 들여다보다 보면, 네 안에서 모순적인 면들을 발견하게 될 거야. 그게 잘못됐다는 게 아니야. 누구나 자신 안에 다양한 모습을 갖고 있고, 그 모순을, 있는 그대로 인정하고 받아들이는 힘을 갖게 되면 더 깊고 단단한 사람이 된다고 생각해. 또 이야기가 조금 샜네.

리더십은 복합적인 마음을 요구하지. 사람을 좋아하는 따뜻함과, 올바른 선택을 위한 냉정한 판단력을 함께 가지고 있어야 해. 일을 믿고 맡길 수 있는 신뢰와, 그 결과를 책임 있게 받아들이는 자세도 필요하니까.

이런 이야기는, 학생의 관점에서 생각하는 리더십과는 다르게 느껴질 거야. 그래도 리더십이라는 게 결국 사람 사이의 일이니까, 언제 어디서든 조금씩 이어지는 본질은 같다고 생각해.

마지막으로 한 가지만 더 덧붙이자면, 좋은 리더는 유연해야 하고 멀리 볼 줄 알아야 한다는 거야. 자기가 원하는 딱 정해진 결과만 고집하면, 다른 사람의 마음을 움직이기가 정말 어려워. 전체의 목적을 위해 무엇이 최선인지 끊임없이 고민하고, 함께 움직일 수 있는 방향을 찾는 것이 중요한 역할이지. 다른 사람보다 조금 더 멀리 볼 수 있어야 함께 가는 길의 방향이나 어디쯤 와 있는지를 알 수 있을 테니까.

이렇게 말하면 마치 내가 리더십을 잘 아는 것 같겠지만, 그렇지 않아. 나도 아직 리더십이 어렵고 무겁게 느껴져. 지금도 계속 고민하며 배우는 중이고 앞으로도 그럴 것 같아.

교수가 되지 않았다면

무슨 일을 하셨을 것 같아요?　　　내가 다른 삶을 살았다면 어떤 일을 했을까?

어디까지나 상상이니까, 자유롭게 말해 볼게. 무용수, 그중에서도 한국 무용을 하는 사람이 되었을지도 몰라.

코로나 팬데믹 이전 몇 년 동안 학교 교수 동아리에서 한국 무용을 배운 적이 있었어. 꽤 진지하게 연습했고, 큰 무대에서 공연도 세 번 정도 했지. 신기하게도, 한국 무용이 나한테 잘 맞더라고. 내

몸의 움직임에 집중하고, 음악을 따라 흐
르다 보면, 어느 순간 공간과 음악, 몸
과 감정, 마음이 전부 하나가 되어 움직
이는 아주 감동적인 경험을 하게 돼. 배
운 시간은 짧았지만, 무대 위에서의 몰입감
은 정말 특별했어.

판소리에 맞춰 부채춤을 추던 날, 손끝에서 발끝까지 전율을
느낀 적이 있었어. 무대 위에서 진도북춤을 추던 공연에서는 음악이
끝났는데도 흥이 올라서 한 번 더 뛰어올랐던 적이 있어. 그런 순간
의 특별한 느낌은 정말 잊기 어려운 기억이야.

물론 힘든 순간도 있었어. 무대에서 공연해야 하니까 같은 동
작을 반복해서 연습해야 하거든. 순서를 자꾸 잊어버려 틀릴까 봐
조마조마하기도 했고. 결국 무대 위에서 종종 실수하기도 했지만,
정말 멋진 경험이었어.

무대 위에서 공연할 때는 눈을 돌리지 않아도 앞과 뒤, 옆의 움
직임이 전부 다 느껴져. 다른 분들의 리듬을 느끼며 하나의 무대를
만들어가는 감각. 그건 말로 다할 수 없는 즐거움이었어.

안타깝게도 무대에서 관중을 바라보는 일이 익숙해지려는 무
렵 코로나가 터졌고, 그 후에는 창업으로 바빠져서 연습을 나가지
못하게 되었어. 그래도 '언젠가는 다시 하고 싶다'라는 마음은 늘 간
직하고 있지.

한번은 무용 선생님이 "당신은 정말 무용수가 된 것 같아요"라

고 말씀하신 적이 있어. 나는 그 말이 참 마음에 들었어. 비록 진짜 무용수는 아니지만, 마음 어디에선가 나는 무용수라는 생각을 하고 있거든.

지금도 발표나 강연 등 무대에 설 때면, 그때 공연하던 순간을 떠올리며 무대에 올라. 그러면 마음이 가라앉고, 중심이 잡히는 것 같거든.

조금 다른 상상을 해 보자면… 어쩌면 전업주부가 되었을지도 몰라. 청소하는 것도 좋아하고, 아이들이 어렸을 때는 함께 놀고, 가르치는 시간이 정말 즐거웠거든. 그런데 아마도, 집에만 있다 보면 어디엔가 나가서 사회에 기여하고 싶은 마음이 또 고개를 들었을 것 같아.

지금의 내가 하고 있는 교수라는 직업은 상당한 자유와 특권이 주어지는 자리야. 인류의 문명과 지식의 역사를 이어갈 수 있도록 허락된 자리이기 때문에 그에 합당한 책임도 져야 하지. 그 책임은 밖에서 오는 것이 아니라 내 마음속에서 일어나는 거야. 그래서 나는 매일, 내 마음의 목소리를 듣고, 그 목소리에 귀 기울이면서 하루를 시작해.

🎙 마지막으로 당부하고 싶은 한마디가 있다면 무엇인가요?

여기까지 읽어 준 너, 정말 대단해! 너무 많은 이야기를 한 것 같은데 어렵거나 지루하지는 않았니? 끝까지 함께해줘서 고마워.

마지막으로 꼭 해 주고 싶은 이야기를 남기며 마무리할게.

이 세상에 특별하지 않은 사람은 없어. 너도 정말 특별하고 소중한 존재야. 언제나 자신을 돌아보고, 자신을 돌보는 사람이 되길 바라.

세상이 빠르게 변하고 그 변화를 따라가기 힘들수록 내면을 깊이 들여다보며 '나는 어떤 사람인가'를 알아가는 시간이 꼭 필요하다는 걸 잊지 마.

그리고 타인을 따뜻하게 바라보며 공동체에 가치를 더할 수 있는 사람이 되기를 진심으로 바랄게.

세상은 혼자 살아갈 수 없고, 저마다 특별한 사람들이 함께 살아가고 있잖아. 때로는 중심에 서서 이끌어가고, 때로는 다른 사람들이 이끌어갈 수 있게 도우면서 살면 네 삶도 더욱 풍요롭고 행복해질 거야.

이야기 나눌 수 있어서 정말 반가웠어. 언젠가 만나서 또 이야기 나눌 날도 기대할게.

중요한 것은 질문을 잃지 않는 태도야.
질문이 있는 한 우리의 삶은
멈추지 않을 테니까.

이종은 | 연세대학교 의과대학 해부학 교실 교수
린드첨단의료연구소 소장
2019년 과학기술 정보방송통신 정부포상 국무총리표창 수상

🎙 과학을

짧게 정의해 주세요. 나에게 과학은 '끝없는 질문'이야. 언제나 질문으로 시작해서 질문으로 끝나거든. 정답보다 질문을 더 좋아하게 된 삶, 그게 내가 과학에서 배운 가장 큰 선물이야.

그리고 과학은 지식을 완성하는 학문이 아니라 끝없이 '왜?'라고 묻는 대화야. 오늘 내가 던진 질문은 내일 다른 과학자의 출발점이 될 수도 있고, 오늘 내가 찾은 답은 내일 다른 과학자의 질문이 될 수도 있어. 때로는 질문이 불안을 주고, 길을 잃게 할 수도 있지만 동시에 우리를 앞으로 나아가게 하는 힘이 될 수도 있지.

 나는 질문이 많은 아이였어. 세상을 살다 보면 우리는 늘 '질문'과 마주하게 된다고 생각해. 매일 보는 하늘을 보며 "어떻게 하늘이 이렇게 파랄 수 있을까?" 하는 질문부터, "왜 어떤 사람은 병에 걸리고, 어떤 사람은 건강할까?", "왜 나는 지금 여기 존재하는 걸까?" 같은 철학적인 질문까지 말이야.

어렸을 때 나를 가장 사로잡았던 질문은 "사람의 마음을 읽을 수 있는 거울이 있을까?", 그렇다면 "사람의 마음을 읽는 거울을 만들 수 있을까?"라는 거였어. 좀 엉뚱하지? 그래도 나에게는 정말 심각한 질문이었어.

나는 여섯 남매 중 둘째야. 언니 하나, 여동생 셋, 그리고 남동생이 하나 있어. 둘째이다 보니 자연스럽게 동생들을 돌봐야 했는데, 그중에서도 남동생은 늘 연구 대상이었어. 여동생들과는 참 많이 달랐거든. 모든 것이 느린 편이었고, 도무지 이해할 수 없는 행동을 할 때가 많았지. 그래서 '저 아이가 무슨 생각을 하는지 들여다볼 수 있는 거울이 있으면 좋겠다'라는 생각을 자주 했던 것 같아.

 초등학교 6학년쯤, 학교에서 '흑연'에 대해서 배웠어. 수업 시간에 짝꿍하고 "흑연은 절연체 광물이니까 태양까지 가는 로켓을 만들 수 있지 않을까?", "그래. 우리 같이

태양까지 갈 수 있는 로켓을 만들자"라고 약속하며 새끼손가락을
걸며 약속했던 기억이 나. 역시 좀 엉뚱하지?

어릴 때는 누구나 많은 질문을 품는데 자라면서 "원래 그런 거
야"라는 식으로 묻어두다가 사라지게 되는 것 같아. 그런데 어떤 사
람은 그 질문을 끝까지 놓지 않아. 질문에 대한 답을 찾기 위해 계속
노력하는 거야. 우리는 그런 사람을 '과학자'라고 부르지.

하지만 과학자가 지식으로 가득한 창고에서 정답을 꺼내는 사
람인 건 아니더라. 오히려 답을 찾아서 끝없이 미궁을 헤매는 사람
에 더 가까워. 알면 알수록 모르는 것이 더 많다는 사실을 깨닫고,
다시 새로운 질문을 하는 사람을 '과학자'라고 부르는 것 같아.

중·고등학교 시절, 난 '모범생'이었어. 궁금한 게 많다 보니 수
업 시간에 선생님 말씀에 진지하게 귀를 기울여서인지 선생님들이
많이 예뻐해 주셨어. 교무실에 들어가면 선생님이 흐뭇한 표정으로
맞아주시곤 했지.

주어진 일을 성실하게 해내고, 항상 원리와 원칙대로 철저하
게 지키려고 노력했는데, 그게 과학을 시작하는 기본 태도였던 것
같아. 과학자는 원리와 원칙에 충실해야
하거든. 그래야 예측하지 못한 결과
를 얻었을 때, 어디에서 잘못되었
는지 찾아내게 되지. 그리고 실패
에 실망하지 않고 새로운 질문을
만들어 내는 태도가 중요해. 좀 어려

운 말이지? 왜 그런지는 천천히 이야기해 줄게.

궁금했던 게 많다 보니 자연스럽게 과학에 관심을 가지게 되었고, 특별활동도 과학부였어. 눈에 보이지 않는 과학적인 현상들을 관찰하고 증명하는 활동이 정말 재미있더라. 예를 들면 자석과 쇳가루, 양초 등을 이용해서 눈에 보이지 않는 자기장을 직접 확인하는 실험이나, 용수철을 이용해 물리의 힘과 운동을 증명하는 실험 같은 것들이었어. 그런 실험에 푹 빠져서 열심히 하다 보니 과학상도 많이 받게 되었지.

과학에 흥미를 갖게 된 건 과학부 선생님의 영향이 컸어. 과학적 원리를 이해하기 쉽게 설명해 주신 덕분에 과학을 재미있게 즐길 수 있었거든. 나도 학생들에게 과학을 쉽게 설명하는 멋진 선생님이 되고 싶어지더라.

지금은 의과대학에서 기초의학 과목인 조직학histology과 신경해부학neuroanatomy을 가르치고 있어. 인체와 관련된 지식을 탐구하기 위한 기본이 되는 학문을 학생들에게 가르치면서 선생님께서 '몸소 보여 주셨던 최고의 교육'을 떠올리며 그런 스승이 되려고 노력해. 그래서인지 우수 교육 업적 교수, 최고의 의학 교육자상 등을 받게 되었지. 그것도 다 과학부 선생님께서 열어 주신 길을 따라왔기 때문이라 생각해.

🎙 뇌 과학자의 길을
선택한 이유가 있다면요?

처음부터 인체에 대한 호기심이 있었던 것은 아니야. 아버지가 주신 선물이 구체적인 질문을 던져주었지. 세계적인 의과대학인 존스 홉킨스Johns Hopkins 의과대학에서 기념품으로 작은 해부학 세트를 사 오셨거든. 그 해부 도구로 금붕어를 해부하면서 "살아 있는 생물의 몸 안에서 어떤 일이 일어나는 걸까?"라는 구체적인 질문이 생겼고, 생명 현상 자체에 관심을 두게 되었어.

그래서 연세대학교 생화학과에 진학해서 당시 가장 활발했던 연구 분야인 생화학, 분자생물학을 공부했어.

왜 의과대학에 가지 않았냐고? 그 당시에는 꼭 의과대학에 가야겠다는 생각을 하지 않았어. 막연하게 의과대학은 환자를 진료하는 의사가 되는 공부를 하는 곳이라고만 알고 있어서, '인간과 질환에 관한 연구'를 할 수 있다는 걸 생각하지 못했거든. 그런데 생체의 현상과 기능을 주제로 공부하다 보니 "생체 분자들의 변화와 상호작용이 어떻게 인체의 기능에 영향을 주지?", "인체의 기능이 잘못될 때 생체 분자들을 어떻게 조절하면 기능을 회복할 수 있을까?"라는 질문이 생기더라. 인체에 대한 궁금증이 점점 커져서 생화학과에서 석사 과정을 마친 후, 의과대학 해부학교실 조교가 되었어. 본격적으

> "살아 있는 생물의
> 몸 안에서 어떤 일이 일어나는 걸까?"
> 라는 구체적인 질문이 생겼고,
> 생명 현상 자체에 관심을
> 두게 되었어.

로 인체를 공부하기 시작한 거야.

내 관심을 끄는 건 뇌의 구조와 기능이었어. 결국은 다양한 공부를 하면서 어린 시절에 나를 사로잡았던 질문으로 돌아온 거였어. '사람의 마음을 읽는 거울'에서 출발한 질문이 신경과학neuroscience을 전공하게 이끈 것 같아. 박사 과정 동안에 뇌의 기능을 조절하는 단백질의 역할을 연구하면서 "뇌는 어떻게 우리의 생각을 만들어 낼까?", "뇌가 손상되면 우리의 마음과 생각은 어떻게 바뀌게 될까?", "왜 뇌는 스스로 고치지 못할까?"라는 질문을 새롭게 던지며 나를 연구의 세계로 이끌었지. 수많은 질문과 답, 그리고 실험실에서의 시간을 마주하며 생화학자이자 신경과학자, 기초의학 연구자인 내가 될 수 있었어.

아무래도 이 글은 과학자로 살아온 삶의 여정보다, 이러한 질문들과 씨름하며 살아온 시간에 관한 이야기가 될 것 같아. 나의 이야기가 어떤 도움이 될지 모르겠지만, 적어도 너만의 질문을 끝까지 붙드는 용기를 얻게 된다면 큰 보람을 느끼게 될 거야.

과학이 질문을 푸는 열쇠가 되어주었나요?

사람은 태어날 때부터 질문할 수 있는 능력을 갖춘 존재라고 생각해. 그 질문에 답하는 방식은 정말 다양해. 예술가는 그림과 음악으로 세상의 아름다움과 슬픔에 응답하고, 철학자는 개념과 사유로 존재의 의미를 탐구하며, 정치가는 제도와 권력을 통해 사회 문제를 풀어가겠지. 과학도 그중 하나인 거고 말이야.

과학의 특별함은 '확실한 근거'를 통해 진실에 다가간다는 점이야. 추측이나 직관이 아니라, 실험과 검증을 반복하며 답을 찾아가거든. 그 과정이 더디고, 때로는 지루해 보일 수 있지만, 누구나 이해할 수 있는 객관적인 결과를 보여주지.

그렇다고 결코 과학자가 되라는 건 아니야. 지금 한창 고민이 많을 시기잖아. 이럴 때 선택한 길이 처음 생각과 달라질 수 있고 나중에 다른 길을 택하게 될 수도 있어. 나는 내가 좋아서 과학을 선택했고, 내가 경험한 이야기를 들려주는 것뿐이니까 부담은 가지지 않으면 좋겠어.

과학의 매력이 뭔데요?

내가 질문이 많은 아이였다고 했잖아. 알고 보니 모든 과학의 출발점은 그 '질문'이더라. 우리가 교과서에서 보는 공식이나 개념도 처음부터 '법칙'으로 존재한 건 아니야. 누군가의 "왜 그럴까?"라는 질문에서 시작한 거지.

"사과가 왜 떨어질까?"라는 질문은 뉴턴을 만유인력의 법칙으로 이끌었고, "작은 생명체는 어떻게 생겨나는 걸까?"라는 질문은 생물학의 문을 열었어. "전기는 왜 번쩍이며 움직일까?"라는 질문은 물리학의 한 축을 세웠지. 중요한 미래 과학으로 주목받고 있는 양자과학quantum science도 마찬가지야. "아주 작은 입자들이 왜 상식과 다르게 움직일까?"라는 질문에서 시작되었거든. 작고 단순한 궁금증들이 모여서 과학의 거대한 연구 분야를 만든 거야.

나는 학생들에게 "과학자가 되고 싶다면 정답을 좋아하는 사람보다는 질문을 좋아하는 사람이 되어야 한다"라고 말해. 과학을 한다는 것은 정답을 빨리 찾는 일이 아니라 좋은 질문을 끝까지 놓지 않는 일이니까. 좋은 질문은 힘이 있어. 정답은 잠시 머물지만, 질문은 우리의 삶을 이끌어가는 나침반이 되어 주거든.

특히 나를 사로잡은 질문은 뇌brain였어. "왜 뇌는 다른 기관처럼 쉽게 회복되지 못할까?" 이 질문 안에는 의학, 생물학, 면역학, 심리학까지 얽혀 있어. 그러니 이 질문을 풀어가려면 다양한 분야에 관심을 두고 그 안에서 또 질문을 찾아가겠지?

이렇게 끊임없는 의문과 질문으로 가득한 과학이 나에게는 너무 매력적이야!

🎙 뇌에 사로잡힌 이유가 있을까요?

'미지의 영역'이기 때문이 아닐까. 해답보다 질문이 더 많아서 탐험할 영역이 무궁무진하거든. 뇌를 연구한다는 것은 단순히 신경세포의 전기 신호를 기록하는 일이 아니야.

나는 뇌가 '인간다움'을 가능하게 하는 기관이라고 생각해. 우리가 세상을 인식하고, 감정을 느끼며, 과거를 기억하고 미래를 계획하는 모든 과정이 다 뇌 속에서 일어나니까. 심장은 어떻게 뛰는지, 폐는 어떻게 호흡하는지에 대해서는 연구 자료가 많지만, 뇌에 대해서는 충분히 알지 못하는 게 현실이야. "인간은 왜 꿈을 꾸는가?", "기억은 어떻게 저장되는가?"와 같은 질문에는 명확한 답을 내놓지 못하거든. "우리는 왜 끊임없이 배우고, 계속 잊어버리며, 자신만의 감정을 느끼는가?"에 대한 근본적인 질문은 인간의 정체성을 탐구하는 작업이라고 생각해.

'마음을 읽는 거울'에서 출발했던 뇌에 대한 호기심은, 학생 시절 기억에 관한 책을 읽으면서 경이로움으로 이어졌어. 아주 작은 분자의 변화가 기억을 형성하거나 사라지게 한다는 사실이 너무 놀라웠지. 특정한 뇌의 회로가 우리의 두려움이나 기쁨을 조절한다는 사실은 마치 마법 같았어. 하지만 그것은 마법이 아니라, 분명한 과학적 원리를 바탕으로 한 생명 현상이야.

 내가 연구하는 분야는 뇌야. 그중에서도 뇌 속의 면역 반응을 다루고 있지. 뇌를 연구하다 보면 자연스럽게 여러 질환과 마주하게 돼. 뇌졸중stroke, 알츠하이머병Alzheimer's disease, 파킨슨병Parkinson's disease, 뇌전증epilepsy, 척수 손상spinal cord injury, 발달장애brain developmental disorder, 우울증depression, 조현병schizophrenia 등 종류도 다양하지. 이름은 모두 다르지만, 이러한 질환들은 모두 "뇌 속에서 어떤 일이 일어나는가?"라는 하나의 질문으로 연결돼 있어.

뇌졸중은 뇌혈관이 막히거나 터지면서 뇌세포가 손상되는 병이야. 우리 몸의 모든 조직은 혈관을 통해 영양분과 산소를 공급받지. 그런데 혈관이 막히면 영양분과 산소를 공급 받지 못해. 특히 뇌혈관이 막히거나 터져서 포도당 공급이 끊기면, 몇 분만 지나도 신경세포들이 손상돼. 조금 전까지 건강하던 사람이 갑자기 말을 못 하고, 손발을 움직이지 못하게 되지.

손상 부위가 생기면 면역세포들이 구급차처럼 몰려와. 그중 제일 빠르게 도착하는 세포가 중성구neutrophil야. 화재 현장에 출동한 소방차가 불을 끄듯 손상 부위를 공격하는데 간혹 주변 조직에 과도한 손상을 입히기도 해. 그 뒤를 따라서 단핵구monocyte 또는 대식세포macrophage가 도착해.

단순히 의학적 호기심뿐 아니라 수많은 환자와 그 가족들의 삶과도 직결된 문제에 대한 답을 찾기 시작한 거야.

죽은 세포를 청소하는 역할인데, 때로는 염증inflammation 반응을 일으켜서 살아남은 세포까지 위협하지.

특히 흥미로운 것은 T림프구T lymphocyte라는 세포야. 그중 세포독성 T림프구는 신경세포를 직접 공격해. 하지만 어떤 조건에서는 이 세포들이 억제성 T림프구로 바뀌어 염증을 가라앉히기도 하지. 뇌 안의 염증세포인 미세아교세포microglia는 평소에는 신경세포를 보호하고 해로운 물질들을 치우는 조력자지만, 뇌졸중 상황에서는 과도하게 활성화되어 신경세포를 공격하는 '가해자'가 되기도 해. 이처럼 면역세포들은 뇌를 지켜주기도 하지만 때로는 더 큰 피해를 주기도 하지.

그 이유를 밝히기 위해 뇌 조직의 면역세포들과 뇌세포들의 상호작용에 대해 열심히 연구했어. 내 연구가 뇌 조직 내에서의 면역세포 기능을 밝히는 데 이바지할 수 있어서 뿌듯했지.

그런데 같은 병이라도 환자마다 결과가 달랐어. 뇌졸중인데도 어떤 환자는 회복이 빠른 반면, 어떤 환자는 긴 후유증에 시달렸거든. 그 이유가 정말 궁금해지더라. 단순히 의학적 호기심뿐 아니라 수많은 환자와 그 가족들의 삶과도 직결된 문제에 대한 답을 찾기 시작한 거야.

알츠하이머병은 우리가 흔히 '치매'라고 부르는 병이야. 처음에는 가벼운 건망증으로 시작해서 점차 기억을 잃게 돼. 본인 이름을 기억하지 못하고, 가족을 못 알아보다가 결국 자신이 누군지 잊고 스스로를 잃게 되는 병이야. "왜 어떤 기억은 사라지고, 어떤 기억은 끝까지 남는가?", "왜 어떤 이는 치매에 걸리고, 어떤 이는 노년 까지 정신이 선명한가?"라는 질문들이 나를 새로운 연구로 이끌었 어. 뇌를 이해한다는 건 과학적 성취를 넘어 인간다운 삶을 지키기 위한 우리의 필연적인 도전이야.

알츠하이머병의 대표적 특징은, 단백질 축적이야. 원래는 잘 분해되어야 할 단백질이 뇌에 쌓이고 뭉쳐서 신경세포를 압박하면, 뇌 기능이 망가져. 여기에 다른 단백질까지 비정상적으로 쌓이면서 '신경세포의 뼈대'가 무너지고 인지능력이 떨어지는 거야.

신경세포를 퇴화시키는 과정에 염증세포와 면역세포가 등장 해. 연구를 통해 청소하러 온 미세아교세포가 오히려 신경세포 주변 에 만성 염증을 퍼뜨리는 걸 발견했지. 그래서 단백질 제거보다 대 사의 변화와 염증 반응 등에 집중한 결과, 알츠하이머병은 면역 반 응이 오히려 병을 가속하는 원인이라는 사실을 밝혀낸 거야. 그래서 알츠하이머병을 "신경질환으로 볼 것인가, 아니면 면역질환으로도 봐야 하는가?"라는 새로운 질문을 하게 되었지.

'면역 작용'은 외부 침입자로부터 우리를 보호하는 우리 몸의 방어 시스템이야. 태어날 때부터 갖고 있는 선천성 면역innate immune reaction은 낯선 것을 발견하면 바로 공격하는 비특이적 방어 체계이 고, 적응성 면역adapted immune reaction은 한 번 침입한 것에 대한 정보 를 기억했다가 같은 적이 다시 침입하면 빠르게 대응하는 특이적 방 어 체계야.

예전에는 뇌를 '면역 특권을 가진 기관'이라고 배웠어. 혈액뇌

장벽blood-brain barrier이 외부 세포의 진입을 막고, 림프관lymphatic vessel도 없어서 면역 반응이 일어나지 않는다는 거야.

그런데 연구를 거듭할수록 다른 결과가 드러났어. 뇌졸중 환자의 뇌에는 면역세포가 몰려 있었고, 알츠하이머병 환자의 뇌에서는 만성 염증 반응이 관찰된 거야. 뇌와 면역은 생각보다 훨씬 긴밀하게 연결되어 있었던 거지.

말초신경계에서도 활성화된 T림프구와 B림프구가 면역 감시에 참여하고, 뇌 손상이 발생하면 면역세포들이 적극적으로 활성화되는 것을 관찰할 수 있었어. 이 발견은 내 연구에 큰 전환점을 가져왔어. 뇌를 연구할 때 신경세포의 변화나 기능뿐 아니라, 그 주위를 둘러싼 면역 환경까지 함께 이해해야 한다는 것을 깨달은 거지.

원래 해로운 물질을 제거하기 위해 출동하는 면역세포가 오히려 과도하게 반응하면서 신경세포를 파괴해 버리는 반응을 자가면역질환autoimmune disease이라고 해. 신경계에서 일어나는 자가 면역질환에는 길랭-바레 증후군Guillain-Barré Syndrome, 중증 근무력증Myasthenia Gravis, 다발경화증Multiple Sclerosis 같은 질환들이 있어.

뇌와 면역의 관계는 아직 풀리지 않은 질문이 많고 여전히 연구 중이야. 면역 반응이 상황에 따라 다른 양상을 보이기 때문에 지금까지 연구한 결과만으로는 단순한 결론을 얻기가 어려워. "언제, 어떤 세포를, 얼마만큼 조절해야 하는가?"라는 핵심 질문이 남아 있지. 역시 연구 내용을 좀 더 구체적으로 이야기하다 보니 길어지기도 하고 너무 어려워졌지? 희망적인 것은 일부 연구에서 유망한 결과를 얻고 있다는 것이지. 이 질문에 대한 답을 얻어서 뇌 질환을 치료할 수 있는 길이 열릴 거라고 기대하고 있어.

실험실에서는 구체적으로 어떤 연구를 하나요?

실험실에 가면 먼저 세포 배양기를 확인해. 뇌 조직에서 분리한 신경세포들을 배양기에 넣어 세포를 배양하면서 그 과정을 분석하고 정리하지. 세포가 잘 자라고 있는지 꼼꼼하게 살핀 후에 현미경이 있는 곳으로 자리를 옮겨.

실험실에서 보내는 시간 중에 현미경으로 관찰하는 비중이 제일 큰 것 같아. 연구 과정을 기록하는 일은 정말 중요하거든. 몇 시간을 같은 자세로 관찰하고, 수백 장의 이미지를 찍는 날이 많아. 처음에는 작은 점과 선처럼 보이던 것들이 모여서, '뇌'라는 거대한 지도가 되는 걸 확인했던 날이 기억나. 뇌 구조와 신경세포의 연결 관계를 보며 감탄했었지.

오후에는 주로 데이터 분석을 해. 관찰한 자료를 매일 저장하며 분석하는데 극적인 변화를 발견하는 건 아주 드물고 대부분의 날들은 반복의 연속이야. 자료를 검토 및 정리한 후, 다음 실험에 대한 설계를 준비하다 보면 어느새 저녁이 돼. 저녁에는 다른 연구자의 논문을 읽

어떤 날은
새로운 발견을 하고
어떤 날은 실패하기도 하고
다시 도전하면서 과학자를
과학자답게 만드는 곳이
실험실인 것 같아.

거나, 내 논문의 초고를 쓰면서 하루를 마무리하곤 하지.

이런 날들이 며칠, 몇 달, 몇 년씩 이어지지는 게 실험실의 일상이야. 지루할 정도로 반복적인 연구를 하다가 어떤 날은 새로운 발견을 하고, 또 어떤 날은 실패하기도 하지만 또다시 도전을 이어가면서 과학자를 과학자답게 만드는 곳이 실험실인 것 같아.

실험실에서 사용하는 도구와 방법이 궁금해요.

실험실에는 정말 다양한 도구들이 있지. 과학 연구에서 사용하는 도구는 단순한 도구가 아니라, 우리가 보지 못하는 세계를 보여주는 '창'과 같은 거야.

그중 가장 자주 사용하는 현미경에도 여러 종류가 있어. 빛을 이용해 단순히 세포의 형태를 보는 광학 현미경light microscope, 특정 단백질을 빛으로 표시해 위치를 보여 주는 형광 현미경fluorescence microscope, 세포 내부의 미세한 구조까지 보여주는 전자 현미경electron microscope, 최근에는 조직 내 세포들의 활동을 실시간으로 관찰하는 것을 가능하게 하는 이광자 현미경two photon microscope까지 등장했지. 과학 발전을 위해 새로운 도구들이 계속 개발되고 있어서 장비를 준비하는 것도 중요한 일이야.

현미경을 통해 세포를 관찰하는 느낌은 우주 망원경으로 천체를 관찰하는 것과 비슷할 거야. 내가 천문학자는 아니지만 우주에는 우리가 모르는 별들이 엄청 많다고 들었어. 우리의 은하에만

1,000억 개 이상의 별이 있다고 하니 전체 우주에는 얼마나 많은 별들이 존재할지 상상하기도 벅차지. 현미경 속의 세포는 그 별들의 수에는 미치지 못하겠지만 나에게는 우주처럼 느껴져. 보통 실험을 위해 실험용 접시에 10만 개 또는 100만 개 정도의 세포를 배양하거든. 뇌 속 신경세포들이 서로 어떻게 연결되어 있는지 현미경을 통해서 관찰하면 신경세포의 가지돌기dendrite와 긴 축삭axon이 거대한 네트워크처럼 얽혀 있는 걸 볼 수 있어. 단순히 세포 하나만 보는 것이 아니라, 그 세포가 이웃 세포와 어떻게 대화하는지를 눈으로 확인하게 되지.

현미경의 발전과 함께 최근에는 단일세포 전사체 분석scRNA-seq, single-cell RNA sequencing이라는 새로운 기술도 등장했어. 모든 RNA 전사체를 분석하여 각 세포에서 고유한 유전자 발현을 조사하는 방법이야.

예전에는 수천 개의 세포를 한꺼번에 분석해 평균값을 낸 데이터를 얻어 결과를 분석했어. 그러다 보니 개별 세포 간의 차이나 상호작용, 기능적인 관계를 정밀하게 분석하기 어려웠지. 그런데 단일세포 전사체 분석을 통해 겉보기에는 똑같아 보이는 신경세포 안에 서로 다른 성격을 가진 세포들이 존재한다는 것을 알게 되었어. 마치 모두 같은 교복을 입고 있지만, 각자 개성과 취향이 다른 학생들처럼 말이야. 이러한 기술의 발달로 우리는 더 정확한 답을 찾아갈 수 있게 된 거지.

뇌 연구를 위해 중요한 또 다른 도구는 동물 모델이야. 연구하다 보면 동물실험 연구를 피할 수 없어. 처음 동물실험 연구를 진행할 때, 살아 있는 동물을 희생시킨다는 생각에 미안한 마음이 너무 컸어. 세상의 모든 생명은 다 소중하고 그 가벼움과 무거움을 인간이 따질 수는 없거든. 새로운 치료법을 개발해도 바로 사람에게 사용할 수는 없어. 연구가 성공적이어도 환자에게 어떤 반응과 부작용이 일어날지 확신할 수 없으니까. 그래서 동물에게 먼저 적용해서 연구하는 거야.

실험동물에 뇌졸중을 유발한 뒤 변화를 관찰하거나, 알츠하이머 유전자를 가진 동물을 통해 기억력 저하 과정을 관찰해. 이런 과정은 인간의 병을 더 깊이 이해하기 위한 중요한 연구가 되지. 생명의 소중함과 작은 생명을 통해 얻게 되는 결과의 중요성을 알기에 실험동물은 소중히 다루어야만 해. 우리가 얻는 연구 결과 뒤에는 이런 희생이 있음을 절대로 잊어서는 안돼.

최근에 오르가노이드 배양organoid culture이라는 새로운 기술이 등장했어. 줄기세포를 이용하여 인간의 장기와 유사한 조건을 만드는 방법이야. 듣기만 해도 엄청 어려울 것 같지? 실제로 정말 어려운 기술인데, 줄기세포를 이용하여 3차원 입체 배양을 시도해서 생체의 장기와 유사하게 만드는 거야. 하지만 오르가노이드 배양은 실험동물의 희생을 줄이고, 질병 모델이나 신약 개발을 대신할 방법이 될 것으로 보여. 전기생리학electrophysiology이라는 기법도 있는데, 신경세포가 전기적 신호를 주고받는 모습을 실시간으로 볼 수 있지.

이런 도구들을 통해 교과서나 책 속에서 추상적으로 보이던 과학의 개념들이 생생한 현실로 다가올 수 있어. 앞에서도 말했지만, 실험실의 도구들은 과학자가 질문에 접근하는 '창'이자, 세상을 보는 또 하나의 '눈'이야.

🎙 과학자로서 가장 고민되는 순간은 언제인가요?

어릴 때 책이나 영화에서 보면 과학자는 실험실에서 뭔가 대단한 것을 발견하거나 만드는 사람으로 나오잖아. 하지만 실험실이 아닌 곳에서는 과학자답지 않은 모습일 때가 많아. 과학자가 과학자답게 연구하려면 준비할 게 생각보다 많거든.

우선 연구비를 확보하는 게 중요하면서도 고민이 많아지는 일이야. 실험실에서 연구하려면 장비도 있어야 하고 오랜 시간 연구하며 지낼 수 있는 환경을 준비해야 하지. 대부분의 연구비는 "이런 연구를 언제까지 어떻게 하겠다"라는 내용의 연구 계획서를 작성해서 제출하고 심사를 통해서 지원받아. 만약 제때 연구비를 받지 못하면 준비했던 연구를 못 하게 될 수 있어. 연구하지 못 하게 되거나 몇 년 동안 노력해서 완성한 논문이 심사에서 떨어지면 깊은 좌절과 절망을 경험하게 되지.

하지만 어느 정도의 시간이 지나면 또다시 책상 앞에 앉아 연구 지원 서류를 작성하거나 논문을 수정하는 나를 발견하게 돼. 아직 풀리지 않은 질문이 남아 있고, 그 질문을 푸는 삶을 살겠다고 결정했으니까, 다시 도전해야 하지 않겠어? 질문을 멈추는 순간, 과학자의 삶도 멈추는 거니까. 아무리 절망감이 크다고 해도 재도전에 대한 기대감보다는 크지 못하고, 연구를 통해 질문에 대한 답을 찾았을 때의 기쁨을 경험한 연구자는 결코 연구를 포기할 수 없거든.

너무 힘들고 지치고 고민이 될 때는 스스로에게 질문을 던져. "왜 처음에 이 길을 선택했었지?" 그러면 바로 답이 떠오르지. 작은 호기심에서 시작된 질문 하나가 지금까지 나를 이끌어 왔다는 것을.

🎙 여성 과학자로서 더 힘들었거나 반대로 힘이 되는 경우가 있었나요?

과학계에서 여성 연구자는 여전히 소수에 불과해. 강의실, 학회, 연구 모임에 참가해 보면 남성이 훨씬 많지. 처음에는 그 사이에서 내 목소리가 들리지도 않을 것 같아서 두려운 순간도 있었어. 내 목소리는 작아도 내가 던지는 질문이 깊고 진지하다면, 충분히 세상에 울림을 줄 수 있다고 생각하니까 자신감이 생기더라. 그래서 여러 학회나 단체 활동에서 리더로서 목소리를 내게 되었지.

과학뿐만 아니라 모든 학문은 남성이나 여성, 어느 한쪽의 관점에만 치우쳐서는 답을 찾을 수 없다고 생각해. 특히 과학은 다양한 시각이 모일 때 더욱 창의적으로 발전할 수 있지. 그런 의미에서

라도 앞으로는 여성 과학자가 소수가 아니면 좋겠어. 더 많은 여성 과학자가 자신의 견해를 담은 소리를 내야 해. 어린 시절 흑연으로 태양까지 가는 로켓을 만들자고 친구와 이야기했던 것처럼, 많은 동료 여성 과학자들과 함께 과학적인 가설과 생각들을 나누고 펼칠 수 있으면 좋겠어.

여성 과학자를 꿈꾸는 후배들에게 "네 질문이 무엇이든 주저하지 말고, 소리를 내서 세상에 던져 봐. 그 질문이 오래된 관점을 바꾸고 세상을 바꾸는 시작이 될 수 있을 거야."라고 말해주고 싶어.

🎙 앞으로 어떤 새로운 질문이 나타나게 될까요?

과학의 풍경은 지금, 이 순간에도 빠르게 변하고 있어. 내가 연구를 시작할 때만 해도, 현미경으로 세포를 관찰하고 단백질을 분석하는 것이 가장 앞선 방법이었어. 그런데 지금은 단일세포 전사체 분석이라는 방법을 통해 수천 개 세포의 유전자 발현을 동시에 확인하고, 인공지능을 이용해 방대한 데이터를 처리하는 시대가 되었지. 이렇듯 과학의 속도는 점점 더 빨라지고, 우리가 다루는 데이터의 양은 기하급수적으로 늘어나는 세상이야. 이제 데이터 분석 속도는 인공지능이 사람의 능력을 앞선다고 말할 수 있어. 머지않아 사람의 능력을 그대로 수행할 로봇도 등장하게 될 거야. 뇌-기계 인터페이스 연구는 인간의 뇌와 컴퓨터를 연결하려 하고, 맞춤 의학은 개인의 유전체 정보를 바탕으로 치료법을 제시하는 시대이지. 마치 과학이 미래를 자꾸 앞당겨오는 것만 같아.

아무리 기술이 발전해도 변하지 않는 것이 있어. 바로 질문을 던지는 태도야. 어떤 도구를 사용하든, 그 출발은 언제나 "왜?"라는 물음에서 시작되겠지. 앞으로의 과학은 더 복잡하고 더 정밀해지고 그에 따른 책임도 요구될 거야. 발전된 기술이 선이 될 수도, 악이 될 수도 있거든. 인공지능은 우리의 삶을 편리하게 할 수도 있지만, 동시에 사회적 불평등을 심화시킬 위험이 있고, 지금까지 우리가 추구해 오던 윤리 체계와 맞지 않을 수도 있어. 유전자 편집은 병을 고칠 수 있지만, 욕심 앞에서 생명의 경계를 흔들 수도 있거든. 그래서 앞으로의 과학은 새로운 지식을 쌓는 것보다, 어떤 질문을 던지고 어떤 답을 선택할지 고민하는 것이 중요하다고 생각해.

앞으로의 과학은
새로운 지식을 쌓는 것보다,
어떤 질문을 던지고 어떤 답을 선택할지
고민하는 것이 중요하다고 생각해.

꼭 이야기하고 싶은 것 중 하나는 과학자가 있어야 할 곳은 실험실만이 아니라는 거야. 어떤 사람은 기초과학을 연구하며 세포와 유전자의 원리를 밝히고, 어떤 사람은 방대한 뇌 데이터 속에서 패턴을 찾는 일을 하고, 어떤 사람은 의사가 되어 환자를 치료하면서 연구를 병행하며, 또 어떤 사람은 기업 연구소에서 신약을 개발하지. 중학생이나 고등학생에게 과학자가 되는 길은 멀고 막연하게 보일 수 있겠지만, 이처럼 과학자의 길은 생각보다 다양해. 기초과학,

생명과학, 의학, 공학, 인공지능, 환경 생물학 등 과학의 길은 다양한 분야로 나뉘어 뻗어 나갈 수 있거든. 게다가 미래의 과학은 한 가지 길로만 향하지 않고, 다양한 질문들이 얽혀 새로운 길들이 열릴 수도 있을 거야. 그 길 위에서 중요한 것은 대단한 정답이 아니라, 끝까지 묻고자 하는 용기라고 생각해. 너도 끝까지 묻고자 하는 용기가 있는지 묻고 싶어.

🎙️ 미래의 과학자들에게 당부하고 싶은 실질적인 조언을 부탁드립니다.

과학자가 되려면 특별한 재능이나 뛰어난 두뇌가 필요하다고 생각하는 사람이 많아. 하지만 내 생각은 달라. 천재가 과학자가 되는 게 아니라, 질문을 붙들고 끝까지 탐구하는 사람이 과학자가 되는 거야. 나도 천재가 아니야. 단지 호기심이 많았고, 질문의 답을 찾다 보니 과학자가 된 것뿐이야.

내 경험에 비추어 봤을 때 난 다음과 같이 조언해 주고 싶어.

첫째, 궁금한 걸 기록하는 습관을 들이자.

책을 읽다가, 수업을 듣다가, 혹은 어느 날 문득 떠오른 궁금한 것들을 기록하는 거야. 단순한 호기심이 훗날 큰 연구의 출발점이 되어 줄 거야.

둘째, 읽는 훈련을 시작하자.

교과서 외의 다양한 책을 읽어 봐. 읽기 편한 교양서적부터 점차 단계를 높이는 거야. 그러다 보면 과학자들의 연구 논문도 읽고 정보도 얻을 수 있을 거야.

셋째, 멘토를 찾자.

과학자의 길은 혼자서 걷기엔 너무나 멀고 힘들어. 아니, 애초에 혼자서 걷는 건 불가능해. 멘토를 먼 곳에서 찾을 필요 없어. 교수님, 선후배나 친구도 멘토가 될 수 있거든. 멘토와 많은 이야기를 나누고, 실패한 경험을 공유하면서 과학자로 성장하게 될 거야.

넷째, 실패를 두려워하지 말자.

과학에서 실패는 실수가 아니라 필수야. 한 번의 실패로 연구를 포기한다면 새로운 발견은 불가능하지. 결과가 잘못되었다면 그건 과정 중에 문제가 있었거나 내가 세운 가설에 문제가 있는 거야. 그래서 실패는 문제 해결 능력을 키울 기회가 되기도 해. 실패를 분석하고, 다시 시도하는 힘, 과학자에게 꼭 필요한 용기야.

다섯째, 다양한 경험을 하자.

과학은 실험실에만 있지 않아. 실험실 밖으로 나가서 자연을 관찰하고, 동아리에 참가하는 등 다양한 활동을 하는 게 좋아. 특히 다른 연구자들과 만날 수 있는 학회 활동과 연구 논문을 발표하는 학술 활동은 꼭 하면 좋겠어.

나는 연구 경험이 적었던 초기부터 학회 활동에 적극적으로 참여했어. 특히 국제 학술대회는 빠짐 없이 참석했고 발표할 기회가 생기면 적극적으로 도전했어. 국제학회를 이끄는 회장이 될 기회를 얻게 된 것도 그 덕분이었던 것 같아. 너도 다양한 도전을 하고 다양한 경험을 하면 좋겠다.

여섯째, 체력을 키우자.

과학자의 놀라운 발견과 새로운 연구 결과가 반짝이는 순간은, 매일 같이 반복되는 지루한 연구 과정 끝에서 탄생해. 그 과정을 잘 버텨 내려면 체력은 필수야. 달리기나 복싱, 댄스 등 실험실 밖에서 몸을 움직이며 근육을 만들 기회를 갖길 바라.

일곱째, 동료와 협업하자.

연구는 혼자만의 고독한 수행이라고 생각하는 사람이 많던데, 사실 연구는 혼자 하는 일이 아니야. 동료 연구자들과의 협업이 필수지. 한 사람의 그릇에 담기에 과학은 너무나도 거대한 세계야. 그러니 다양한 분야의 생각과 견해가 모이면 더 좋은 결과를 얻을 수 있어.

하지만 협업이 언제나 순조롭지만은 않아. 서로의 견해가 다를 수 있고, 실험 일정이 맞지 않을 때도 있어. 그럴 때 소통을 잘하는 것도 중요한 연구의 기술이지. 아름다운 과학적 발견은 수많은 좌절과 실패를 겪은 뒤에야 가능하고, 다른 연구자들의 생각들이 보태질 때 더 아름다운 발견을 할 수 있다는 사실을 잊지 마.

마지막으로, 자신만의 질문을 찾자.

질문의 중요성에 대해 여러 번 강조했지. 자신만의 질문을 찾는 것은 과학자로서도 인간으로서도 중요한 과정이니까. 다른 사람들이 중요하다고 하는 주제가 아니라 스스로가 진정 궁금한 질문을 출발점으로 삼았으면 해.

🎙 연구자로서의
성취와 보람이 궁금합니다.

어떤 직업이든 마찬가지겠지만, 실험실의 삶은 힘들고 실패가 잦아. 그럼에도 불구하고 버틸 수 있는 이유는, 그 끝에 찾아오는 특별한 보상 때문이지. 몇 달, 때로는 몇 년의 실패 끝에 마침내 가설을 뒷받침하는 데이터를 발견하는 순간! 그건 오직 과학자만이 느낄 수 있는 짜릿함이야. 그동안의 좌절과 고생을 한 번에 보상받는 기분이랄까.

이런 성취의 기쁨은 실험실 밖에서도 이어져. 학회에서 연구 성과를 발표하고, 해외 연구자들과 토론을 나눌 때, 서로 다른 배경과 질문과 결과를 공유하면서 '나의 연구'가 '우리의 연구'로 확장되는 순간을 경험하게 돼. 과학이 개인의 성취를 넘어 인류의 성과로 진화하게 되는 걸 실감하는 것도 보람된 일이야.

교육자로서의 보람도 큰 의미가 있어. 처음 실험실에 들어온 학생들이 점점 단단하게 성장하는 모습, 자기만의 질문을 찾아가는 과정을 지켜보는 일은 참 뿌듯해. 나의 경험과 지식이 후배에게 전해지고, 과학의 대화가 다음 세대로 이어지는 순간도 감동적이야.

과학자의 성취란 꼭 무언가를 발견하는 거창한 순간에만 있는 게 아니야. 때로는 작고 사소한 성취에도 보람을 느낄 수 있어. 오랫동안 풀리지 않던 데이터의 오류를 찾아낸 순간, 동료들과 토론하다가 새로운 가설이 떠오른 순간에도 성취감을 느껴. 작은 깨달음들이 쌓여 큰 감동을 주기도 하거든.

힘든 순간이 많은데도 과학자의 길을 계속 걷는 이유는 이 성취의 순간들이 우리의 삶 자체이기 때문이야.

🎙 마지막으로

해 주고 싶은 말씀이 있다면요? 내 이야기가 좀 길었지? 뇌 연구에 대해 너무 깊게 설명해서 무겁게 느끼는 건 아닌지 좀 걱정스럽네. 그래도 이 글을 읽고 뇌과학에 대해 조금이라고 관심을 두거나 이해할 수 있으면 좋겠어.

사람에게 적용되는 연구는 언제나 복잡하고 어려워. 더구나 의학 연구는 실제로 환자의 삶과 직결되는 학문이니까. 오랫동안 뇌 질환을 극복하기 위해 연구해 왔지만, 여전히 풀리지 않은 질문이 많아. 그럼에도 희망을 품고 있는 이유는, 많은 과학자의 답이 모이고 또 모이다 보면 언젠가 공동의 질문을 해결할 수 있을 거라는 믿음 때문이야.

아직은 "어느 시점에, 어떤 환자에게, 어떤 면역 경로를 조절해야 하는가?"라는 질문에 명확한 해답을 얻지 못했어. 이 공백을 메우는 것이 앞으로 연구자들이 풀어야 할 핵심 질문이 될 거야.

과학자의 길은 지루하고 힘들지만, 그만큼 멋진 길이기도 해. 질문을 던지고 답을 찾아가고, 그 답에서 또 새로운 질문이 태어나는 모든 과정이 나에게는 기쁨이었어. 그래서 내가 과학자의 길을 걷게 된 것에 대해 늘 감사하고 있지.

만약 네가 세상을 유심히 관찰하고, 그 관찰 속에서 발견한 질문을 즐긴다면 분명 과학과 잘 어울리는 사람일 거야. 진정한 과학자는 정답보다 질문을 더 사랑하고, 끝까지 탐구하는 태도를 가진 사람이니까.

하지만 꼭 과학자가 되지 않아도 괜찮아. 네가 어떤 길을 선택하든 상관없어. 중요한 것은 질문을 잃지 않는 태도야. 질문이 있는 한 우리의 삶은 멈추지 않을 테니까.

마지막으로 남기고 싶은 글로 마무리할게.

"어떤 질문이든 마음에 품고 그 질문을 끝까지 따라가렴. 그 길이 과학이든, 예술이든, 철학이든 상관없어. 질문을 붙드는 순간, 너는 이미 세상을 바꾸는 길 위에 서 있는 거야."

"완벽하지 않은 채로도 길은 만들어진다."
확신 없이 시작해 과학자가 되기까지

이지현 | 플로리다 대학교 생물통계학과 교수

미국 통계학회(American Statistical Association) 제120대 회장 선출

미국 공중보건 명예학회 Delta Omega 회원 선출

어떤 일을 하시는지

궁금해요.　　안녕! 나는 지금 미국 플로리다 대학교University of Florida, UF 생물통계학과에서 정교수로 일하고 있어. 동시에, UF 암 연구소에서 정량 과학quantitative science 부소장 역할도 맡고 있지. 쉽게 말하면, 데이터를 분석해서 암 연구를 돕는 과학자라고 생각하면 돼.

　　미국 노스캐롤라이나 대학교 채플 힐University of North Carolina at Chapel Hill에서 석사와 박사 과정을 마치고, 플로리다 탬파에 있는 모핏 암센터Moffitt Cancer Center에서 교수로 일했어. 그곳에서 다양한 암

연구 프로젝트에 참여하면서 많은 경험을 쌓았고, 조교수와 부교수에 이어 정교수로 승진했어.

2014년에는 미국 남서부 뉴멕시코 주립대학교 암센터University of New Mexico Comprehensive Cancer Center에서 교수이자 생물통계학 팀장으로 연구를 이끌었어. 그리고 2018년에는 더 큰 연구 환경에서 도전하고 싶어서, 지금의 플로리다 대학교에 왔어. 벌써 여기서 일한 지 7년이 되었네!

사실 어릴 때부터 지금 하는 일을 꿈꿔 온 건 아니야. 어릴 때는 엄마처럼 가정주부가 되고 싶다고 말했던 걸 보면, 사람의 꿈은 살면서 계속 변하고 성장하는 것 같아.

그리고 내가 대학을 졸업하던 당시, 한국 사회에서 여성이 직장을 가진다는 건 기회 자체가 많지 않았어. 사회학을 공부했던 나는 조금 더 구체적이고 실용적인 일을 통해 사람들에게 도움이 되고 싶다는 마음을 품고 있었지. 그러다 생물통계학이 데이터를 통해 사람들의 건강과 생명을 지키는 데 도움을 줄 수 있다는 걸 알게 되었어. 감사하게도 지금은 그 일이 내게 잘 맞고, 좋아하는 일이라 보람과 즐거움을 느끼며 살아가고 있지.

🎙 생물통계학이

뭐예요? 혹시 통계를 배워 본 적 있니? 평균, 그래프, 확률 같은 것들 말이야. 수학 교과서에서 보면 좀 딱딱하고 재미없어 보이기도 하지? 그런데 그 통계가 사람들의 건강과 생명을 구하는 데 쓰인다면 어때? 조금 멋지지 않니? 바로 그게 내가 공부한 '생물통계학'이 하는 일이야.

생물통계학은 말 그대로 '생물bio'과 '통계학statistics'이 만난 학문이야. 통계를 바탕으로 건강과 질병을 이해하고, 중요한 의학적 질문에 답을 찾는 일을 하지.

예를 들자면 이런 질문들이야. "새로 개발된 암 치료제는 어떤 효과가 있을까?", "어떤 사람이 코로나 증상을 더 심각하게 앓는 걸까?", "어떤 생활 습관이 건강하고 오래 사는 데 도움이 될까?", "같은 치료를 받는 유방암 3기 환자라도 오래 사는 환자가 있는 반면, 그렇지 못한 환자도 있는 이유는 뭘까?" 이런 질문에 답하기 위해 의사, 생물학자, 공학자 등 다양한 연구자들이 환자의 데이터data(자료)를 모으고 연구해. 그 데이터를 분석하고 해석하는 사람들이 바로 생물통계학자야.

정확한 답을 찾으려면 정확한 데이터를 모아야겠지? 그래서 생물통계학자는 연구가 시작되는 실험 설계 단계부터 참여해. 어떤 데이터를, 어떤 방식으로, 얼마나 모아야 신뢰할 만한 결과를 얻을 수 있는지 함께 계획하는 거야. 그렇게 모인 데이터를 분석해서 건강과 질병의 원리를 밝혀내지.

비유하자면 생물통계학자는 데

생물통계학은 말 그대로 '생물'과 '통계학'이 만난 학문이야. 통계를 바탕으로 건강과 질병을 이해하고, 중요한 의학적 질문에 답을 찾는 일을 하지.

이터로 사건을 추적하는 탐정 같은 존재야. 숫자 속에 숨어 있는 단서를 찾아 건강과 생명의 비밀을 밝혀내는 탐정 말이야.

수학과 과학, 논리적 추론, 그리고 끝없는 호기심이 만나서 사람들의 건강한 삶을 위해 의미 있는 일을 하는 분야가 바로 생물통계학이야.

혹시 너도 사람들의 건강과 행복을 위해 일하고 싶다면, 그리고 데이터를 분석하는 데 관심이 있다면, 생물통계학이 좋은 선택이 될 수 있을 거야!

왜 생물통계학을

공부하신 거예요? 왜 내가 많은 학문 중에서 생물통계학을 공부했는지 이야기하려면, 꽤 오래전으로 거슬러 올라가야 해. 지금과는 여러모로 다른 시대의 이야기라서 낯설고 이상할지 모르지만, 시대가 달라져도 변하지 않는 가치는 결국 통한다고 믿고 꺼내볼게. 내 이야기의 어느 한 귀퉁이라도 도움이 되기를 바라면서 말이야.

내가 부산에서 대학에 다니던 1980년대의 한국은 민주화 운동과 최루탄 가스로 기억되던 시절이었어. 봄이면 꽃가루보다 최루탄 가스가 더 날렸고, 캠퍼스에 꽃잎이 휘날리는 아름다운 추억 대신, 맵고 따가운 최루탄 가스 때문에 눈물 콧물 흘리던 기억이 대부분이야. 사회도 혼란스러웠고, 내 앞날도 불투명했지. 그 시절은 학

생들을 열정적으로 이끌어주는 분
위기가 아니었고, 가까이에서
롤모델을 찾기도 쉽지 않았어.
나 역시도 그런 환경 속에서 평
범한 학생으로 시간을 보내고 있
었지.

학부에서 문과 계열에 속하는 응용통계를 공부했고, 졸업 후 대학 내 연구소에서 근무하면서 사회학 석사 과정을 마쳤지. 앞서 말했지만 그 당시는 여성이 장기적이고 안정적인 직장을 얻기 어려운 시절이었어. 시골에서 나고 자라 지방대를 졸업한 나에게는 선택지가 많지 않았어.

학문에 특별한 열정이 있던 것도 아니었지만 "내 힘으로 평생 먹고살겠다"라는 결심만은 뚜렷했지. 그런데 어디서 어떻게 시작해야 할지 막막하고 앞길이 보이지 않았어.

그러다가 일하던 연구소에, 미국 하와이 대학교에서 생물통계학을 전공한 연구자가 와서 함께 일하게 됐어. 생물통계학은 전혀 몰랐는데, 의료 분야와 통계학이 만나서 구체적이고 명확한 결과를 만들어 내는 방식이 꽤 매력적으로 느껴졌어. 내가 전공한 사회학은 결과가 눈에 보이지 않아서 좀 답답했는데, 생물통계학은 숫자와 데이터를 바탕으로 일한다는 게 좋아 보였지.

어느 날, 운명 같은 기회가 찾아왔어. 미국 하와이 대학 동서문화센터East-West Center에서 열리는 워크숍에 참석하게 된 거야. 개발도상국에서 온 사회학, 인구학을 공부하는 젊은 연구자들을 위해 한 달 동안 열리는 워크숍인데, 다니던 연구소에서 나를 보내 주었지. 개발도상국開發途上國은 선진국에 비해 산업 근대화와 경제 개발이 뒤떨어진 나라를 말해. 그때는 우리나라도 개발도상국으로 분류되던 시기라 그 기회가 내게도 온 거야.

지금은 누구나 여행을 다니지만, 그때는 해외여행을 자유롭게 할 수 없었어. 특히 여자 혼자 외국에 가는 경우는 거의 없었지. 항공사 직원이 "정말 혼자 가시는 거예요?"라며 몇 번이나 확인할 정도였거든. 그래서 더 설렘을 안고 하와이로 떠났어.

그런데, 지상낙원이라고 불리던 하와이에서도 좋은 시간을 즐기지 못했어. 영어가 너무 어려웠거든. 석사 논문까지 썼는데도 영어 강의나 발표 내용을 이해하기 정말 힘들었어. 매일을 그저 맨땅에 헤딩하는 심정으로 하루하루 버티며 배우는 수밖에 없었지.

그러던 어느 날 밤, 산책하다가 휠체어를 밀며 걷는 중년 여성을 만났어. 미국은 낯선 사람과 마주치면 자연스럽게 인사를 나누는 문화라 가볍게 인사를 나눴는데, 그러다 보니 그분이 하와이 대학의 교수라는 걸 알게 됐어. 싱글맘이고, 지체 장애가 있는 어린 아들을 돌본다는 이야기도 듣게 됐지. 이야기를 나누다 보니 나도 모르게 마음속에 쌓아 두었던 막막함을 털어놓게 되었어. 서툰 영어 때문에 걱정이

74

었는데 이상하게도 그녀와는 대화가 이어졌어. 내 이야기를 들은 그녀는 근처에서 나뭇가지를 하나 주워 들더니 흙바닥에 무언가 그리기 시작했어. 다 그린 걸 보니 세계지도였어.

"여기가 미국, 여기가 중국, 여기가 아프리카, 여기가 아시아. 그리고 여기가 한국이고, 네가 사는 부산이야. 세계는 이렇게 넓은데, 왜 점 하나 크기인 그곳에서만 고민하고 있니? 네가 할 수 있는 일은 이 넓은 세상만큼 무수히 많아."

흙바닥 위의 부산은 정말 작은 점이었고, 나는 머리를 한 대 맞은 기분이었지.

그날 밤, 잠을 이루지 못하며 뒤척였어. 나를 가두고 있던 작은 점에서 벗어나야겠다고 결심했고, 어떻게 해야 제대로 벗어날 수 있을까 고민하기 시작했어. 한국이 아닌 다른 나라에서 생물통계학을 공부할 구체적인 방법을 찾기로 한 거야.

처음 떠올린 곳은 중국 베이징 대학北京大, Peking University(중국 베이징에 있는 국립 종합대학)이었어. 마침, 하와이에 와 있던 베이징 대학 교수님을 찾아가서 상담했어. 박사 과정 학생으로 받아 줄 수 있다는 말에 설렜는데, "외국인은 재정 지원이 어렵고, 매 학기 5천 달러가 필요하다"라는 말에 마음이 무거워졌어. 5년 동안 학비와 생활비를 마련하며 유학한다는 건 현실적으로 불가능했거든. 포기할 수밖에 없었어.

다음 선택지는 미국이었어. 미국에는 생물통계학을 전공할 수 있는 대학이 많다는 것만 알고, 더 깊은 이해보다는 '새로운 길을 찾고 싶다'라는 간절함 하나로 도전하기로 했지. 사실 나는 생물통계학의 진짜 매력을 공부를 시작한 뒤에야 깨닫게 된 경우였어.

다행히 미국에 있는 노스캐롤라이나 대학교 채플 힐University of North Carolina at Chapel Hill로부터 입학 허가를 받게 되었어. '교회 언덕Chapel Hill'이라는 이름이 예뻐서 지원했는데, 알고 보니 굉장히 유명한 학교더라. 미리 알았다면 주눅이 들어서 지원조차 하지 못했겠지만 33세의 늦깎이 유학생은 그저 부산을 벗어나서 넓은 세상에서 공부하고 싶은 마음에 무작정 미국행 비행기에 올랐지.

내가 왜 생물통계학을 공부한 건지에 대한 답이 되었을까? 생물통계학에 대한 대단한 열정만으로 시작한 건 아니야. 우연히 함께 일한 연구자의 전공을 통해 생물통계학을 알게 되었고, 우연히 만난 여교수의 조언이 나를 유학으로 이끌었지. 무모한 도전이지만 당시의 나에게는 그것만이 유일한 탈출구였어.

앞으로 펼쳐질 미래도 알 수 없고, 정말 나에게 맞는 일인지 알 수 없었지만 말이야. 그런데 처음부터 모든 걸 알고 선택하는 사람이 얼마나 될까? 완벽하지 않은 채로, 나는 내가 할 수 있는 최선의 선택을 했고, 지금 돌아보아도 그 선택은 그때의 최선이었다고 생각해.

전망이 어떤가요?　　　　물론이야. 생물통계학은 지금도, 앞으로도 꾸준히 성장할 전망이 좋은 분야야. 전 세계적으로 AI 시대가 되면서 '데이터를 읽고 이해하는 능력'의 중요성이 더 커지고 있고, 많은 대학에서 생물통계학 또는 통계학 관련 학과를 신설하거나 확대하는 추세거든.

특히 의료 분야에서 생물통계학과 데이터를 활용한 기술 및 방법이 주목받고 있어. 이런 변화에 맞춰 제약회사, 공공보건 기구, 연구 기관, 기업 등에서는 생물통계학 전공자들에 대한 수요가 증가할 수밖에 없어.

예를 들면 새로운 암 치료제를 개발할 때, 많은 기초 생물 연구와 동물실험을 거쳐 마지막으로는 임상시험을 하거든. 이때 생물통계학자는 '연구의 설계자' 역할을 해. 어떤 데이터를 모으고 분석하고 해석할지 계획을 세우고 실행하지. 연구가 잘못되면 신약 개발이 실패할 수도 있기 때문에 신중하게 참여해.

우리가 병원에 남기는 의료 기록은 개인에게는 병력 기록이지만, 연구자에게는 질병의 패턴을 밝힐 단서가 돼. "왜 어떤 사람은 암에 걸리고, 어떤 사람은 건강할까?", "왜 어떤 사람은 50세에 치매에 걸리는데 어떤 사람은 치매 위험이 없을까?" 등에 대한 답을 찾기 위해 의료기록을 분석하는 거야.

아픈 사람과 건강한 사람의 데이터를 분석하면 질병 예방 방법을 찾고, 공공보건 정책을 세우는 데 도움을 줄 수 있어. 그러니

병원이나 국가 보건 행정기관 등에서 이런 연구를 하는 생물통계학 전공자가 많이 필요할 수밖에 없겠지.

의료계뿐 아니라 애플, 구글, 삼성, WHOOP 같은 기업에서도 생물통계학자들이 활약하고 있어. 왜냐하면, 이 회사들은 사람들의 운동 패턴과 건강 상태를 추적하는 데이터를 수집하고 있거든. 심박수, 운동량, 수면 패턴처럼 매일 쌓이는 방대한 데이터를 이해하고 활용해서 건강관리 기술과 서비스를 개발하는 데는 생물통계학자들이 꼭 필요하니까. 이런 기업에서 일하는 연구자들은 학회에서 자기 연구를 발표하고, 논문을 쓰고, 대학에서 강의도 하고 있어. 어떤 일을 선택했다고 다른 일을 못 하는 게 아니라 자신의 전문성을 발전시키며 기업과 학문의 경계 없이 활약하는 시대라고 할 수 있겠지.

미래는 예측하기 어렵지만, 한 가지는 정말 확실해. 데이터 기반 연구와 분석이 더욱 중요해질 거라는 점이야. 특히 건강과 데이터가 결합하는 분야는 효율적인 의료 서비스를 구축하기 위해서라도 중요한 관심사가 될 거야. 어때, 앞으로 생물통계학의 전망은 더욱 밝겠지?

일하면서 보람도 느끼겠지만 힘들 때도 있을 것 같아요.

나는 내가 하는 일을 사랑해. 물론, 아무리 좋아하는 일을 해도 누구나 흔들릴 때가 있는 법이지. 어떤 날은 힘들어서 모든 걸 그만두고 싶을 때도 있지만, 이런 고민을 한 번이라도 해 보지 않는 사람이 있을까?

나는 지금 암연구소에서 다양한 분야의 과학자를 비롯해 의사들과 함께 암 예방, 치료, 그리고 지속적 관리에 관한 연구를 진행하고 있어. '암 연구'를 한다고 하면 대부분 임상시험을 떠올리지만, 실제로는 심리, 행동, 생활 습관 등 훨씬 넓은 영역에 대한 데이터가 필요해. 예를 들면 여러 암의 주요 원인인 흡연을 줄이는 효율적인 방법, 유방암 치료를 받는 엄마와 딸의 정서적 관계와 변화, 그리고 의사와 환자 간의 소통 문제도 중요한 연구 주제야.

얼마 전에 조혈모세포 이식 환자의 식이요법에 관한 임상시험을 마치게 되었어. 감염 위험을 줄이기 위해 완전히 소독된 포장 음식을 먹는데, 신선한 채소와 과일로 식단을 바꾸면 건강한 장내 미생물 군이 환자들에게 이득이 될 수 있다는 가설을 바탕으로 한 임상시험이었어.

내가 생물통계 수석을 맡게 되면서 5년에 걸쳐 약 220명 정도의 환자를 대상으로 진행했는데, 분석 결과는 기대와 달랐어. 신선한 식단을 먹은 환자들의 감염 위험이 예상보다 컸던 거야. 그 결과 연구를 중단해야 했어.

만약 결과를 예측하지 못하고 계속 진행되었다면, 많은 환자가 감염에 노출될 가능성이 컸겠지. 연구 논문이 발표된 이후, 세계 많은 병원에서 신선한 음식으로 암 환자 식단을 바꾸려던 정책을 다시 고려하는 움직임이 일어나고 있어. 이럴 때 과학자로서 보람을 느껴. 환자를 직접 돌보는 의료진은 아니지만, 과학자로서 데이터를 활용한, 다른 방식으로 환자의 생명을 보호한다는 점에서 말이야.

새로운 항암제가 개발되면 사람에게 적용하기 전에, 동물실험을 거쳐서 부작용이나 안전성을 확인해야 해. 유전적으로 조작된 실험용 쥐나 암에 걸린 개, 고양이 등이 연구 대상이 되지. 두 고양이의 집사이기도 한 나는, 동물실험과 관련된 일을 할 때 내 고양이들을 생각하게 돼. 동물의 희생을 최소화하면서도 정확한 연구를 할 수 있게 가능한 모든 경우의 수를 예측하고 준비하지. 그것이 나의 역할이고 책임이라고 생각해.

의료 관련 연구를 하면서 구축한 데이터는 하나하나가 정말 소중해. 단순한 숫자가 아니라, 한 환자의 삶이자 투병 과정이 담겨 있으니까.

어떤 날은 환자들의 생존 그래프가 갑자기 툭 떨어지는 순간을 보게 돼. 나는 데이터에 그 환자를 잃은 가족들의 슬픔과 아픔이 반영되어 있다고 생각하기 때문에, 더 책임감을 가지고 연구에 집중하려고 노력하고 있어. 내가 하는 작은 노력이 모여서 언젠가 더 나은 치료법을 만들고, 더 많은 생명을 살리는 데 기여할 수 있을 거라고 믿기 때문이야.

의학에만 관련되어 있나요?

꼭 그런 건 아니야. 생물통계학이 의학 분야에서 더 중요한 위치에 있긴 하지만, 사람의 삶을 더 넓게 이해하는 데 도움이 되는 과학이라고 생각해.

나는 언제나 환자에게 직접 도움이 되는 연구에 마음이 끌려. 그래서 새로운 연구에 참여하게 될 때, 통계학적인 접근만이 아니라 연구의 주제 자체에 먼저 관심을 가지려고 노력해.

예를 들어, 최근에 머리와 목head & neck 암 치료팀이 새로운 치료법을 연구하고 싶다고 찾아왔어. 이 분야의 환자들은 수술 후 1~2주가 지나서야 목에 튜브를 삽입해 음식을 섭취하는데, 치료팀은 '수술 직후 바로 튜브로 액체 형태의 음식을 제공하면, 나쁜 바이러스 등이 빠르게 씻겨 나가면서 환자에게 도움이 될 수도 있다'라는 가설을 세웠어. 이처럼 현장에서 환자를 돌보는 치료팀의 궁금증이 과학적 가설이 되고, 임상 연구로 이어지는 것이 연구의 시작이지. 그래서 나는 새로운 프로젝트를 시작할 때마다, 환자들의 특성과 질병의 예후, 현재 의료 관행에 대해 질문을 많이 하는 편이야. 그 과정에서 공동 연구에 대한 열정과 네트워크가 형성되고, 보다 효율적인 연구 디자인을 할 수 있다고 생각하거든.

이런 이야기를 하는 이유는 기술적 혹은 통계적 분석만 제

의료 관련 연구를 하면서 구축한 데이터는 하나하나가 정말 소중해. 단순한 숫자가 아니라, 환자의 삶이자 투병 과정이 담겨 있으니까.

공하고, 그 외의 부분에는 관심을 두지 않는 경우가 있기 때문이야.
나는 연구자가 자신의 영역을 넘어 연구 주제에 관심을 가지고 배우
려는 자세가 매우 중요하다고 생각하거든. 연구 주제를 더 깊은 관
심으로 관찰하다 보면 특이점을 발견할 가능성이 크고, 새로운 방법
을 제시할 가능성도 커질 거야. 그러면 기존의 통계적 기법도 연구
의 핵심 문제에 더 정확하게 적용할 수 있다고 생각해.

암 연구 외에도 사회적 문제나 문화예술의 영향력에도 관심이
많아. 어느 날 우연히 우리 대학의 무용학과 교수가 '예술 활동이 개
인의 건강과 지역사회와의 유대감에 어떤 영향을 미치는지' 연구한
다는 신문 기사를 봤어.

미술관이나 음악회를 가는 것이 삶의 질이나 행복감과 관련이
있을까? 나는 오래전부터 이런 부분이 밀접하게 연결되어 있다고
생각했기 때문에 관심이 생겼어. 그래서 그 교수에게 메일을 보냈
지. "나는 생물통계학을 전공하지만, 예술과 건강의 상관관계에 관
심이 많아요. 혹시 통계 전문가가 필요하다면 돕고 싶어요."라고 말
이야.

그렇게 시작된 우리의 관계는 3년 넘게 이어져 오고 있고, 이
분야의 통계 전문가로서 1천만 달러 규모의 연구를 같이하고 있지.
'예술 행사가 지역 주민들의 사회적 유대감social cohesion score과 삶의
만족도well-being perception에 긍정적인 영향을 미친다'라는 점을 대규
모 설문 조사를 통해 입증하고 있어.

새로운 분야에 관심이 생길 때, 내가 도울 수 있는 부분이 있다

고 생각되면, 주저하지 않고 도전하는 편이야. 호기심을 충족하면서도 내 전문 분야를 활용할 수 있어서 나는 만족스러웠기 때문에 추천하고 싶어.

너도 좋아하는 일에 열정을 다하면서도 흥미를 끄는 새로운 것들을 발견하게 되면, 호기심을 가지고 참여해 보겠다는 용기를 가졌으면 해.

🎙️ 요즘 리더십을 중요하게 여기는데 어떻게 생각하시나요?

나도 리더십을 중요하게 생각해. 공부와 진로 때문에 고민이 많을 너에게 '리더십'은 좀 멀게 느껴질 수도 있을 거야. 만약 내가 네 나이로 돌아갈 수 있다면, 나에게 꼭 해주고 싶은 이야기 중 하나가 바로 리더십이야. 그때는 리더십의 의미를 잘 몰랐었는데, 지나고 보니 조금 더 빨리 알지 못한 데 대해 아쉬움이 있거든.

나는 리더십을 나와는 전혀 상관없는 거라고 생각했어. 사장, 부장, 팀장 같은 직책을 가진 사람들에게만 필요한 능력이라고 생각했거든. 하지만 시간이 지나면서 깨달았어. '리더십은 직책이 아니라, 어떤 관점으로 세상을 보고 어떻게 행동하느냐?'에 관한 것이라는 걸.

미국에서 교수 생활을 했던 초기에는 리더십을 생각할 여유가 없었어. 오로지 생존이 가장 중요한 목표였고, 눈앞에 올라가야 할 계단만 보이던 시절이었거든. 그런 내가 나중에 미국 통계학회 American Statistical Association 학회장에 선출되었을 때, 다른 사람들도 놀랐겠지만 내가 제일 놀랐어. 어쩌면 '리더십은 누군가가 허락해야 갖는 것이 아니라, 스스로 쌓아 올린 내면의 힘'일 수 있다고 생각하게 되었어.

미국의 한 산악회에서 정리한 네 가지 리더십 유형을 소개해 볼게.

- 셀프 리더Self-leader: 스스로 목표를 세우고 책임감 있게 행동하는 사람

- 피어 리더Peer-leader: 동료와 협업하고 동등하게 서로를 존중하는 사람

- 액티브 팔로워Active follower: 적극적으로 의견을 내며 팀 목표에 이바지하는 사람

- 공식적으로 임용된 리더Designated leader: 공식적으로 의사결정을 맡은 리더

이걸 보면 알 수 있지? 리더십은 '최고 자리에 있는 사람'만의 전유물이 아니라 각자의 자리에서 자연스럽게 발휘되는 다양한 능력이며, 집단의 성공을 위해서는 모든 형태의 리더십이 필요해.

지금 네 주변에는 어떤 사람들이 있니? 친구들 사이에서 의견

"첼로는 다른 악기의 소리를 더 멋지고 빛나게 합니다. 그러니 자기 소리에만 집중하지 말고, 주변의 소리에 귀를 기울이세요."

을 조정하는 사람, 조용히 분위기를 잡아 주는 사람, 최종적인 결정을 내리는 사람, 그 옆에서 조언하며 도와주는 사람도 있을 거야. 모두가 자기만의 방식대로 리더십을 발휘하며 함께 어울릴 것 같은데, 어때?

나는 취미로 오케스트라에서 첼로를 연주하고 있어. 지휘자가 첼로 파트에 종종 이런 말을 해.

"첼로는 다른 악기의 소리를 더 멋지고 빛나게 합니다. 그러니 자기 소리에만 집중하지 말고, 주변의 소리에 귀를 기울이세요."

이 말이 음악을 넘어 리더십의 의미로 다가왔어. 첼로는 오케스트라에서 주인공이 아니야. 하지만 중심을 잡아 주고 소리 전체가 풍성하게 빛나도록 받쳐 주는 역할을 하지. 매년 오케스트라의 연례 음악회가 끝나면, 모두 함께 하나의 음악을 만들어 낸 그 순간이 너무 아름다워서 감동하게 돼.

내가 정말 해 주고 싶은 말은, 리더십은 직위가 있는 사람에게만 필요한 능력이 아니라 각자의 삶에서 자신의 역할을 성실하게 해내는 모든 사람에게 필요한 역량이라는 거야.

너희 세대는 언어의 장벽도 낮아졌고, 세계와 연결되는 속도도 우리가 살던 시대보다 훨씬 빠르고 넓어졌어. 그래서 너희에게 펼쳐진 무대는 전 세계가 될 거야. 그 무대에서 모두가 함께 빛나며 공동의 목표를 이루는 멋진 리더가 되기를 진심으로 바랄게.

생물통계학자가 될 수 있나요?　　　앞에서 말했듯이, 내가 지방에서 대학에 다니던 시절 우리 사회는 혼란스러웠고, 공부할 환경도 좋지 않았어. 나는 공부를 잘하는 학생은 아니었고, 더구나 수학에 특히 약했어.

미국에서 다시 공부를 시작할 때도 수학이 너무 어려웠어. 어렵게 얻은 기회를 놓칠 수도 있겠다는 두려움이 커져서 여름방학 동안 학부의 미적분학을 수강하며 다시 기초를 다졌지. 그렇게 힘겹게 학위를 땄지만, 여전히 수학은 어려워.

그런 내가 생물통계학을 계속하고 있으니 신기하지? 그건 생물통계학이 수학만 잘한다고 되는 분야가 아니기 때문이야. 철학적 사고, 전반적인 과학적 이해와 논리적 사고 능력, 그리고 커뮤니케이션 능력이 골고루 필요하거든.

그런데 이 모든 영역을 완벽하게 갖춘 사람이 얼마나 될까. 정말 극소수의 특별한 사람만 가능할 거야. 어떤 사람은 수학은 약하지만 전반적 이해와 사고 능력이 뛰어나고, 반대로 수학은 잘하지만 커뮤니케이션 능력이 약한 사람이 있을 수 있지. 사람마다 각자 장단점이 다를 수 있잖아.

채플 힐에서는 한국의 이름난 대학을 졸업한 학생들도 많이 만났어. 나는 그들의 수학 실력을 부러워하고는 했었어. 하지만 졸업 후 각자 걸어간 길을 지켜보면서, 수학을 잘한다고 해서 반드시 더 잘되는 것도, 수학에 약하다고 해서 성공하지 못하는 것도 아니라는 것을 알게 되었어. 수학은 분명 중요한 기초지만, 그것만으로 생물통계학으로의 가능성이 결정되는 건 아니라고 생각해.

미국에서 중·고등학생들에게 생물통계학에 관해 강연하고 있어. 특히 경제적으로 어려운 지역의 학생들에게 전망이 좋은 직업군을 알려 주고 싶어서 시작한 일이었지. 강연이 끝나면 학생들이 꼭 이런 질문을 하곤 해.

"수학을 잘해야 하나요?"

"머리 좋고 수학 잘하는 아시아계 학생들이 많겠죠?"

"저는 수학을 싫어하는데, 그래도 할 수 있을까요?"

"돈 많이 벌 수 있나요?"

미국의 많은 학생들도 수학을 싫어하고 못한다고 생각하거든. 나는 항상 같은 대답을 해.

"할 수 있어. yes!"

요즘은 정부 기관, 대기업, 법률 사무소에서도 통계를 활용하는 분야가 넓어졌어. 그런 분야에서는 수학 능력보다 그 분야를 이해하는 능력과 데이터를 파악하는 능력이 더 중요할 거야. 그러니까 수학을 못한다거나 생물통계를 전공하면 할 일이 제한적이라는 걱정은 하지 않길 바라.

나는 리더십에 관한 이야기와 이 질문은 연결해서 설명하고 싶어. 자기 자신에게 기회조차 주지 않는 것도 리더십의 부족이라고 생각하거든. 문제는 능력이 아니라 두려움 때문에 너무 일찍 포기해 버리는 마음이야.

어떤 분야가 부족하다고 느껴지면 포기하기보다, 공부로 보충하면 된다는 태도가 중요하다고 믿어. 요즘은 인터넷 강의나 도서관 자료를 통해서 배울 기회가 많잖아. 모든 영역에서 타고난 재능을 가진 사람은 드물고, 대부분은 부족한 부분을 채워가며 자신의 길을 만들어 가지. 내가 그랬던 것처럼 말이야.

결론! 수학이 약해도 생물통계학자가 될 수 있다.

🎙 생물학에 대해서는
얼마나 알아야 하나요?

생물통계학이 '생물학biology'과 '통계학statistics'이 합쳐진 말이다 보니 좀 어렵고 혼란스럽지? 결론부터 말하자면 생물학을 잘해야만 생물통계학을 할 수 있는 건 아니야.

물론 생물학에 대한 기본 지식은 도움이 돼. 생물통계학은 질병, 건강, 임상 연구, 환경 연구, 공공보건 등 다양한 분야에서 활용되니까 생물학을 잘 알면 도움이 되지. 하지만 '필수 조건'은 아니야. 나도 암 연구를 하지만, 암에 대한 지식이 풍부하진 않거든. 연구하면서 필요한 개념을 배우고, 전문가들과 협업하면서 조금씩 익히고 있지.

실제로 미국에서는 생물통계학 석사나 박사 과정에 지원할 때 학부 전공이 생물학이어야 한다는 조건이 없어. 생물학적 지식보다 통계적 사고와 문제 해결 능력이 더 중요하다는 의미지.

자동차 엔진을 잘 몰라도 운전을 잘할 수 있는 것처럼, 생물학을 깊이 모르더라도 생물통계학은 충분히 잘할 수 있어. 그러니 너무 걱정하지 않아도 돼.

 가장 큰 장애물은 나 자신이었어.

늦깎이로 다시 공부를 시작하면서 이전에 일했던 경험과 시각이 도움이 되기도 했지만, 현실적으로는 어려움이 훨씬 컸지. 머리가 특별히 좋았던 것도 아닐 뿐더러 수학도 약했고, 영어도 약했으니까. 공부량이 많고 요구 수준이 매우 높은 학교라서 실패에 대한 두려움이 컸어.

그래서 무언가 이해하는 기쁨보다는, 그저 시험 통과에만 집중했던 게 후회돼. 두려움 때문에, 공부의 즐거움을 놓쳤으니까. 하지만 달리 생각하면 그 불안감이 꼭 나쁜 것만은 아니었어. 자신감이 지나쳐서 공부를 소홀히 하는 것보다, 두려움 때문에라도 필사적으로 배웠던 것들을 지금도 잘 활용하고 있거든.

누구에게나 힘든 시기는 있지. 인생 전체에서 보면 짧은 시간이라는 걸 그때 알았다면 덜 힘들었을 텐데 그게 아쉽긴 해.

혹시 지금 너도 두렵고 불안하다면 내 이야기가 작은 위로라도 되면 좋겠어. 자신감이 떨어지고 모든 것이 막막하게 느껴질 때도 있겠지만, 그것이 반드시 나쁜 것만은 아니야. 그때는 버티느라 정신없어도, 시간이 지나서 돌아보면 '그때의 내가 있었기에 지금의 내가 있다'라는 생각이 들 테니까.

그래서 꼭 기억해 주면 좋겠어. 아무리 힘든 시기도 다 지나간다는 것. 힘들었던 때가 지나면 좋은 추억으로 남는다는 것도!

 교수가 되지 않았다면

무슨 일을 하셨을까요?　　　글쎄. 생물통계학을 전공한 사람들이 제약회사나 데이터 기반 기업에 일하는 경우가 많은데, 나도 그런 곳에서 일했다면 지금과 전혀 다른 삶을 살고 있을 수도 있겠지.

하지만 솔직히 말하면, 교수 외의 다른 일을 생각해 보지 않았어. 게다가 미국에서 계속 공부하고 일하기에는 대학이 안정적이고, 비자visa(외국인 출입국 허가 증명) 문제도 자연스럽게 해결할 수 있었거든. 호기심이 많고 배우는 걸 좋아해서, 연구를 지속할 수 있는 환경이 나에게 잘 맞는다고 생각했어.

가끔, 스스로 "만약 생물통계학을 전공하지 않았다면 어땠을까?" 하고 상상해 보는데, 다시 돌아가도 생물통계학에 매력을 느끼고 선택했을 것 같아. 어쩌면 학교가 아니라, UN이나 UNICEF, WHO 같은 국제기구를 선택했을지도 모르지. 좀 더 세계적인 관점에서 일하고 싶다는 생각도 했거든. 하지만 졸업 당시에는 미국 생활에 적응하기도 벅찼던 터라 다른 나라로 간다는 게 부담스러워서 시도조차 하지 않았지. 누구나 가지 않은 길에 대한 동경과 아쉬움을 갖는 것 같아.

🎙 미국 유학 중에

특별한 추억이 있으면 들려주세요.　유학 중에 겪은 에피소드들이 많지만, 요즘과는 상황이 많이 달라. 그래서 내가 미국에서 직장 생활을 하며 겪은 조금은 특별한 경험을 나누고 싶어. 미국에서 지내는 동안 의미 있는 순간들이 많았지만, 그중에서도 내가 만든 나만의 제사祭祀(죽은 이에게 음식을 올리고 추모하는 의식) 이야기를 들려주고 싶어.

부산에서 연구소에 다니던 시절, 엄마가 사고로 돌아가셨어. 여동생들과 남동생은 너무 어려서 제사 준비는 내 몫이었지. 그런데 미국에 온 지 1년도 채 되지 않아 아버지마저 돌아가시고 말았어. 한동안은 결혼한 여동생이, 시간이 지나 남동생이 결혼한 후에는 남동생 집에서 부모님 제사를 모셨어.

멀리 떨어진 미국에서 살고 있으니, 부모님의 제사에 참여할 수 없어서 마음이 무거웠어. 제사라는 의식에 참여하지 못해서가 아니라, 내가 맡아야 할 책임을 동생들에게 떠넘긴 것 같아서 미안한 마음이 더 컸지.

졸업 후 직장 생활 초기 어느 날, 학회에서 발표를 준비하는

> "만약 생물통계학을 전공하지 않았다면 어땠을까"라는 상상하는데, 다시 돌아가도 생물통계학에 매력을 느끼고 선택했을 것 같아.

대학원생들을 보면서 나의 가난하고 고단했던 학창 시절이 떠올랐어. 문득 이런 생각이 들더라. '내가 한국에 있었다면 부모님의 제사를 준비하는 데 쓸 비용을 의미 있는 일에 사용하면 좋겠다.'

그렇게 시작한 것이 'Lee Family Award'야. 학회에서 뛰어난 발표를 한 학생들에게 100달러, 200달러, 500달러씩 상금을 주는 제도를 만든 거지. 학생들을 돕고 싶은 마음, 그리고 부모님을 기리고 싶은 마음을 담은 나만의 '제사'였던 거야.

처음에는 내가 사는 주에서 열리는 학회에서만 진행했는데, 시간이 지나면서 전국적인 학회로 확장했어. 공식적인 것도 아니고, 상금이 많은 것도 아니지만 매년 부모님을 기리는 연례행사인 나만의 제사를 정성껏 준비하고 있어.

시간이 지나서 상을 받은 학생들이 감사 편지를 보내거나 고맙다고 인사할 때면 뿌듯해. 이 상에 대한 사연을 듣고 기부금을 내놓는 친구도 생겼지. 그렇게 내 작은 마음이 누군가에게 전달되고, 또 다른 선한 영향력이 번져가는 걸 보며 큰 보람을 느껴. 부모님도 이런 내 선택을 기쁘게 바라보실 거라 믿어.

최근에 이 경험을 담은 「Jesa」라는 글을 미국 통계학회 저널에 발표했어. 한국의 제사 문화를 미국에서 재해석한 나만의 방식을 쓴 글인데, 많은 사람이 문화적 독창성이 흥미롭다며 각자의 느낌을 공유하더라.

요즘은 한국에서는 제사를 지내는 집이 점점 줄고, 명절에 제사를 생략하는 경우도 많다지? 나는 가족이 모이는 이유가 되고, 부모님을 추모하는 시간을 갖는다는 점에서 제사를 긍정적으로 생각해. 어디에서 살든, 어떤 방식이든, 각자가 의미를 느끼는 방식으로 자신의 문화를 이어 가는 일이 중요하다고 생각해. 나에게는 '나만의 제사'가 그런 의식이었어.

내가 나에게 주는 특별한 선물이 있지.

어릴 때부터 나는 무엇이든 쉽게 해내는 사람은 아니라는 걸 알고 있었어. 그래서 다른 사람들만큼 해내려면 더욱 노력해야 한다는 것도 알았지. 항상 힘겹게 노력했고, 한 단계를 마칠 때마다 나 자신에게 작은 선물이라도 주고 싶었어. 남들에겐 평범한 일이었을지 몰라도, 나에겐 모든 것이 특별한 성취였으니까.

보통 선물로 선택하는 보석, 명품 가방, 옷 같은 건 내 취향이 아니었고, 공부 외에 관심 있는 건 음악이었어. 어릴 때 악기를 배워 본 적이 없어서 악기를 연주하는 사람들이 부러웠거든. 서른 살쯤에 집 근처 어린이 피아노 학원에 다니기 시작했고, 대학원 시절에는 작은 키보드를 사서 혼자 연습했어.

미국에서 첫 월급을 받고 나 자신에게 준 선물은 알토 색소폰이었어. "내가 정말 미국에서 공부를 마치고 교수로 일하고 있구나." 하는 실감이 밀려오면서 정말 기뻤지. 그게 시작이었어. 부교수로 승진하고는 첼로를, 정교수가 된 후에는 그랜드 피아노를 샀어. 나에게 주는 선물은 단순한 물건이 아니라, 길을 잃지 않고 걸어온 나 자신에게 주는 축하이자 격려였어.

그런데 문제가 있었어. 악기라는 게 샀다고 해서 바로 연주할 수 있는 게 아니라는 거야. 처음 알토 색소폰을 샀을 때 어디서부터 시작해야 할지 막막했던 나는 음대 학생에게 개인 레슨을 몇 번 받으며 연습했어. 그러다 학교에 교수와 학생이 함께 연주하는 밴드가 있다는 걸 알게 되어서 찾아갔지. "이 밴드에 들어오려면 실력이 어느 정도 되어야 하나요?"라는 내 질문에 그들은 "무조건 들어와서 함께 연습해요!"라며 따뜻하게 환영해 주었어. 그야말로 생초보 상태로 밴드에 합류했는데 너무 수준 높은 밴드였던 거야. 음감도 약하고 박자 감각도 뒤떨어지는 나는 밴드에 민폐를 끼치지 않으려고 남들보다 몇 배 더 열심히 연습해야 했지만, 결국 함께 공연할 정도로 성장할 수 있었지.

2018년에 지금의 일터로 옮기고, 바로 지역에서 활동하는 아마추어 오케스트라를 찾아갔어. 덕분에 지금은 오케스트라와 챔버 그룹에서 첼로를 연주하고 있어.

내가 속한 오케스트라 미션이 '지역사회에 음악으로 이바지하는 것'이야. 지역 행사, 널싱홈nursing home(요양병원과 요양원의 중간 시설), 복지 시설, 병원 등에서 소외된 사람들에게 음악을 연주하는 활동을 하고 있어. 연주하는 기쁨만으로도 좋지만, 누군가에게 잠깐이나마 위로를 줄 수 있어서 행복하고, 보람을 느껴. 이런 활동들이야말로 열심히 살아온 나에게 주는 보상이 아닐까 싶어. 혼자 하는 취미도 좋지만, 함께하는 활동은 삶을 더 풍부하게 해 주었어.

새로운 것을 시작하기에는 늦었다고 느껴질 때도 있었지만, 막상 해 보면 그렇지 않았어. 돌이켜 보면, 나를 행복하게 만드는 방법은 생각보다 훨씬 많았던 것 같아. 너도 네가 행복해질 방법을 다양하게 찾아보길 바라. 내가 경험한 것처럼 새로운 시작이 될 수 있고, 그 시작이 또 다른 멋진 경험으로 이어질 수도 있으니까.

🎙️ 마지막으로 당부하고 싶은 말씀이 있다면 전해 주세요.

마지막으로 꼭 전하고 싶은 말이 있어.

"누구나 한때는 초보였다."
"시작하기 전에 포기하지 말자."
"혼자보다는 함께."

어떤 일이든 처음부터 "나는 안 될 거야."라며 시도조차 하지 않는 것은 큰 손해야. 자신의 가능성을 시험해 보기도 전에 부정적인 결론을 내리지 않았으면 해. 잘 모르고 실력이 부족하다고 느끼면 더 묻고, 배우면서 성장할 수 있는 거잖아. 나는 그게 모든 새로운 시작을 위한 첫걸음이라고 믿어.

누군가 "좋아하지 않는 일도 잘할 수 있나요?"라고 묻는다면, 나는 내 경험을 이렇게 말해 주고 싶어. 처음엔 별로 흥미 없던 일도 하다 보면 점점 능숙해지고, 그 과정에서 예상치 못한 보람을 느끼게 되는 경우가 있었어. 사회에 도움이 된다는 감각이 생기면, 그 일에 대한 마음도 조금씩 달라지더라. 물론, 오랫동안 했는데도 제자리걸음이고, 흥미가 생기지 않는다면 그때는 다른 선택을 고민해 보는 것도 자연스러운 일이라고 생각해.

네가 미래와 진로에 대해 고민하고 있다면, 그 자체로 이미 좋은 출발선에 서 있다고 생각해. 나 역시 늘 내가 어떤 삶을 원하는지, 무엇을 가치 있게 생각하는지, 무엇을 소중하게 여기며 살고 싶은지를 스스로 묻는 과정 중에 여기까지 온 것이니까. 그 답을 찾아가는 과정에서 내가 '잘할 수 있는 일'을 발견해 나간 것이 지금의 선택으로 이어졌어.

내가 오케스트라 활동을 한다고 하면, 사람들은 내가 음악적인 재능이 있어서 하는 거라고 생각해. 하지만 내 생각은 좀 달라. 재능이 아니라 해보겠다고 마음 먹었던 용기와 그만큼의 노력이 있었을 뿐이야. 이제 막 악기를 산 초보자가 지역 밴드나 오케스트라에 덜컥 찾아가는 건 꽤 대담한 선택이었지. 그 경험들은 나를 더 단단하게 만들었고 삶을 더 즐길 수 있게 해 주었어.

살다 보니, 우리 사회가 서로 다른 사람이 함께 어울려 살아가는 공동체라는 걸 자주 느껴. 그 안에는 잘하는 사람, 평범한 사람, 서툰 사람, 배우고 있는 사람, 누군가의 도움을 받으며 한 걸음씩 나아가는 사람도 있어. 나 역시 음악과 암 연구를 계속할 수 있었던 건, 한때 초보였던 나를 기다려 주고 도와준 사람들 덕분이야.

한때 초보였던 사람이 시간이 지나 경험자가 되어 다시 초보를 돕는 모습, 그런 순환이 내가 생각하는 가장 건강하고 아름다운 공동체의 모습이야.

이제 이야기를 마치려고 해. 네가 어떤 길을 선택하든, 혼자가 아니라는 것을 잊지 않았으면 좋겠어. 그 감각이 나를 오래도록 지탱해 주었거든.

네가 어떤 꿈을 꾸든, 어떤 일을 선택하든, 건강하고 아름다운 공동체에서 서로를 돕고 함께 어울리는 기쁨을 누리며 행복하게 살길 바랄게.

중요한 건 성별이 아니라,
그 일을 얼마나 좋아하는지,
열정을 다해 해내고 있는지야.

김희 | 포스코경영연구원 전무, 철강산업/탄소중립전략
2017년 여성공학인대상 산업통상자원부 장관상 산업부분 수상

포스코 첫 여성 엔지니어로
입사하셨다면서요?

맞아. 나는 포스코의 첫 여성 엔지니어 공채 1기야.

입사한 첫 출근 날의 기억이 아직도 생생해. 홍익대학교 산업공학과를 막 졸업한 스물네 살, 작업복을 입고 안전화를 신고 안전모까지 눌러쓴 채 광양제철소 용광로 앞에 서 있었지.

처음 공장에 들어갔을 때 쇳물이 흐르는 모습과 거대하고 복잡한 설비에 완전히 압도되었어. 그렇다고 두려웠던 건 아니야. 기계의 굉음, 엄청난 열기, 땅을 울리는 진동, 수증기 빠져나오는 소리

가 비트박스의 리듬처럼 느껴지고 내 가슴을 세차게 뛰게 했어. 말 그대로 '산업의 심장' 앞에 서 있다는 그 설렘과 긴장은 글로 다 표현하기 어려울 만큼 강렬했어. 그날이 오늘의 나를 만든 진짜 시작점이었지.

그때는 여자가 공대에 가는 것도, 산업 현장에 취업하는 것도 드문 시절이었어. 거대한 용광로가 있는 거친 산업 현장에서 딸이 근무하는 걸 반길 부모님은 없을 거야. 그런데 우리 아버지는 달랐어. 내가 어떤 일에 관심을 가지든 한 번도 말리신 적이 없었거든. 언제나 "넌 뭐든지 잘할 수 있다"라는 자신감을 심어주셨지. 덕분에 남녀의 차이, 직업에 대한 선입관 없이 자랄 수 있었던 것 같아.

그때가 1990년이야. 벌써 35년 전 일이라는 게 새삼스럽고 놀랍다. 스물네 살의 여자가 어마어마한 철강회사에서 어떤 일을 하며 35년을 보냈는지, 이제부터 천천히 이야기해 줄게.

어떤 어린 시절을 보냈는지 궁금해요.

어릴 때 나는 지금처럼 철강회사에서 일할 줄은 상상도 못 했어.

호기심도 많았고, 한번 시작한 일은 끝까지 해내려는 고집도 있었지만, 딱 "이걸 하고 싶다"라고 생각한 건 없었어. 그래서 고등학교 때까지 진로를 찾지 못했지.

인문계로 갈까, 이공계로 갈까, 나는 뭘 좋아하는 사람인지, 무슨 일을 해야 할 지 매일 고민했지. 처음에는 천문학이나 해양학에 끌렸어. 별을 관측하거나 바다 깊은 곳을 탐험하는 일이 낭만적이고 멋져 보였거든. 그런데 졸업한 후 어떤 직업으로 이어지는지 잘 모르겠더라. 그래서 선뜻 선택하지 못했어.

셜록 홈스처럼
단서를 모아서 진실을 밝혀내는 이야기,
퀴리 부인처럼 과학으로 세상을 바꾸는
순간이 담긴 이야기가
매력적이었지.

그래서 일단 이과를 선택했지. 문과 과목보다 수학과 과학이 쉽고 편했거든. 문제에서 규칙을 찾는 과정이 재미있었어. 문제를 풀며 패턴이 딱 맞아서 답을 찾으면 속이 다 시원했어. 반대로 긴 글을 읽고 해석해야 하는 과목은 어려웠고, 논리적으로 추리하며 문제를 해결하는 과정이 훨씬 쉽고 즐거웠지.

읽는 책도 그랬어. 추리소설이나 과학자 전기 같은 걸 좋아했어. 셜록 홈스처럼 단서를 모아서 진실을 밝혀내는 이야기, 퀴리 부인처럼 과학으로 세상을 바꾸는 순간이 담긴 이야기가 매력적이었지. 그러다 보니 자연스럽게 공학 분야에 관심이 생겼어.

사무실에 앉아 있는 일보다 직접 몸을 움직이는 일을 하고 싶었어. 실제로 활용할 수 있는 기술을 배우고 싶다는 마음으로 선택한 공대가 나를 제철소로, 리더로, 그리고 오늘의 자리까지 이끌어 준 거야.

어때, 처음부터 완벽한 계획을 세우고 달려온 게 아니라는 걸 알겠지? 그저 조금 더 편하고, 마음이 끌리는 길을 선택한 거야. 계속 한 걸음씩 걷다 보니 어느새 여기까지 온 거지.

처음에는 막연해 보여도, 계속 걸어가다 보면 자신만의 길이 점점 또렷해질 거야. 그 길에서 너만의 색깔, 재능, 흥미를 찾을 수 있을 거야.

🎙 산업공학에서는
어떤 것을 배우나요?

산업공학과에서는 정말 다양한 걸 배워.

기계 부품이나 전자 회로를 배운다고 생각하는 사람도 있던데, 기술을 배우는 학문이 아니야. 사람·기계·자재·정보처럼 서로 다른 요소들이 어떻게 하면 가장 잘 맞물려서 조화롭게 움직일 수 있는지 연구하는 분야야. 쉽게 말하면 '공장이 더 효율적으로 운영되는 방법'이나, '시간과 비용을 줄여서 좋은 결과를 만드는 방법' 같은 문제를 다루는 학문이지.

산업공학의 가장 큰 매력은 현실과 바로 연결되어 있다는 거야. 우리가 매일 경험하는 버스의 배차 간격, 병원 대기 시간, 인터넷 쇼핑의 배송 같은 문제들 뒤에는 산업공학적 사고가 숨어 있어. 단순히 이론만 배우는 것이 아니라, 세상을 더 효율적이고 편리하게 만드는 방법을 고민하는 학문인 거야.

배우는 내용도 폭넓어. 통계와 데이터 분석을 통해 공정 문제를 진단하고, 개선점을 찾아내는 법을 배워. 품질관리와 최적화를 통해서는 불량률을 줄이고, 효율적인 방법을 찾아내는 걸 배우지.

또 생산계획·스케줄링으로 주문부터 출하까지 흐름을 설계하고, 물류·공급망 관리를 통해 필요한 자재가 제때, 정확히 도착하도록 계획하는 방법을 배워. 컴퓨터·IT 응용은 스마트팩토리, AI, 시뮬레이션 같은 첨단 기술도 함께 다루고 있지.

사실, 나도 처음부터 산업공학이 너무 좋고, 사랑했던 건 아니었어. 그런데 대학을 선택할 때 자신이 뭘 잘하는지, 뭘 좋아하는지 알고 진로를 정하는 사람이 몇이나 될까? 나도 그저 조금 더 편하게 느끼는 길을 선택했을 뿐이지. 한 걸음씩 가다 보니 점점 더 잘하게 되고, 그 길이 내 길이라는 걸 확신하게 됐지.

어떤 길이든 공부하다 보면 점점 잘하게 되고, 그 길에서 가장 빛나는 사람이 될 수도 있지 않을까. 그 공부가 산업공학이라면 특히 더 반짝거릴 거라고 자신 있게 말할 수 있어.

🎙 산업공학을 전공하면
어떤 길이 열리는지 궁금해요.

산업공학 전공자들은 늘 사회 변화의 최전선에서 활약하고 있어. 대기업뿐 아니라 스타트업, 공기업, 연구소, 컨설팅, IT, 글로벌 기업, 그리고 창업까지, 거의 모든 분야로 가는 길이 열려 있다고 보면 돼. 산업공학은 상상한 문제를 실제로 해결하고, 세상이 더 나아지게 하는 데 직접적인 영향력을 가진 학문이니까.

산업공학에서 중요한 핵심 가치는 '효율'과 '혁신'이야. 여기서 말하는 '효율'은 단순히 비용을 줄이는 게 아니라, 사람·기계·자재·정보가 더 조화롭게 움직이도록 시스템 전체를 설계하는 힘을 의미해. '혁신'은 기존 방식에 새로운 아이디어를 더해 현장을 개선하고, 더 좋은 제품과 서비스를 만들기 위한 창의적 사고를 말하지. 그래서 산업공학을 전공하면 선택할 수 있는 길이 정말 다양해.

자동차·철강·전자 같은 제조업에서 생산·품질·설비·물류를 관리하며 더 안전하고 더 좋은 제품이 나오도록 흐름을 설계하지. IT와 데이터 분야에서는 빅데이터, 인공지능AI, IoT를 활용해서 병원 진료 동선, 지하철 시간표, 온라인 배송 등을 개선하는 일도 할 수 있어. 물류·유통에서는 공장에서 고객의 집까지 이어지는 거대하고 복잡한 물류망을 하나의 '네트워크'로 관리하고 더 빠르고 안정적인 배송이 가능하게 만들지. 컨설팅 회사에서는 기업 문제를 분석해 생산성과 비용을 개선하는 전략을 제시해. 금융, 공공기관, 산업연구원, 통계청, 공공 연구 기관, 산업기술시험원 등 다양한 국책 연구소에서 데이터와 시스템을 다루는 전문가로도 활약할 수 있어. 요즘은 제조·IT·데이터를 엮어 스타트업을 창업하는 사람들도 많더라.

산업공학을 전공한다는 건, 복잡한 세계를 이해하고 더 나은 방향으로 설계할 수 힘을 갖는다는 의미야. 세상을 더 쉽게, 더 빠르게, 더 안전하게, 더 효율적으로 만들 수 있지. 넓은 시야, 실천하려는 용기, 모든 분야를 넘나드는 융합적 사고를 갖춘다면 너 역시 다양한 분야에서 '세상을 효율적으로 혁신하는 전문가'가 될 수 있다고 확신해.

🎙️ 철강회사를 선택하신

이유가 궁금해요.　솔직히 말하면, 나는 철강회사보다 '철'이라는 소재에 매력을 느꼈어. 평소에는 눈에 잘 띄거나 드러나지 않지만, 자세히 보면 '철'은 세상 어디에나 있더라.

우리가 타고 이동하는 자동차의 차체, 건물을 떠받치는 철강 골조, 바다를 가르는 거대한 선박과 다리, 가정에서 매일 사용하는 가전제품부터 거대한 발전소까지. '철'은 세상 모든 산업을 움직이는 뼈대였던 거야. 그래서 철강 산업은 '산업의 쌀'이라고도 한대. 어떤 산업도 철이 없으면 시작할 수 없다는 사실이 나에게는 큰 울림이었지.

제철소에서 일하면서 우리가 만든 강판 한 장이 세상 어디선가 누군가의 일상과 꿈을 움직이고 있을 거라고 생각하면 뿌듯했어. 산업과 인류의 오늘과 내일을 만드는 한가운데에서 일한다는 사실이 자랑스러웠지. 그래서 더 안전하고 더 좋은 철을 세상에 내보내기 위해 현장에서 매일 고민하고, 동료들과 기술을 개선해 왔어.

내가 처음 배치되었던 곳은 포스코 제철소의 생산기술부였어. 고객이 원하는 철강 제품을 가장 좋은 품질로, 합리적인 가격에 제때 공급하기 위해 생산 계획·물류·설비 운영을 총괄하는, 말 그대로 철강 산업의 '두뇌' 같은 곳이지. 각 생산 공장에 제조 지시를 내리고, 용광로에서 녹아 나온 쇳물이 자동차 강판 등 다양한 제품으로 완성될 때까지 전체 흐름을 조율하는 일을 맡았어. 생산 계획부터 물류, 설비 운영까지 전체 흐름을 종합적으로 관리하는 업무를 배우면서 데이터로 공정 효율을 높이고, 새로운 기술을 개발하는 프로젝트까지 모두 경험할 수 있었지.

물론 철강 산업이 남성 중심이라는 이미지가 강한 건 사실이야. 내가 입사했을 당시에는 더욱 그랬지. 하지만 현장에서 직접 부딪히며 배우고, 끈기와 분석력, 소통으로 문제를 풀어 가다 보니 점차 '여성 엔지니어'가 아니라 '동료'로 인정받기 시작했어. 지금은 많은 여성들이 포스코 현장에서 활약 중이야. 능력을 인정받으면 공장장이나 주요 기술 책임자로도 성장할 수 있어. 성별보다 성과, 문제 해결 능력으로 인정받는 시대가 온 거지.

철강 산업은 다양한 전공자들의 협력이 이루어지는 곳이야. 산업공학은 공정·물류·설비 운영을 통합적으로 최적화하고, 기계공학은 제철 과정에서 용광로, 전로 등 기계를 설계·관리하며, 전기공학은 전기 시스템으로 모든 설비를 안전하게 움직이지. 화학공학은 철의 생산과 더불어 불순을 제거하기 위해서도 반드시 필요하며, 컴퓨터 공학은 빅데이터와 인공지능AI으로 생산과 품질을 실시간으로 분석해. 최근에는 안전 분야에도 IT 기술을 접목해서 센서와 위치 인식 기술로 현장 사고를 줄이고 '미래형 친환경 철강 공장'을 만들어가는 중이야.

결국 내가 철강 산업을 선택한 이유는 아주 단순해. 세상을 움직이는 단단한 힘의 중심에서 일하고 싶었기 때문이야. 그리고 그 선택은 지금까지 단 한 번도 후회한 적이 없어.

🎙️ 철강회사에 입사하고 지금까지 어떤 업무를 해 오셨나요?

앞서 말했듯이 포스코 제철소에서 내가 처음 일했던 부서는 철강 산업의 '두뇌'라고도 할 수 있는 생산기술부였어.

내가 맡은 첫 임무는 생산 관제였는데, 공항의 관제탑과 이름이 비슷하지 않아? 실제로 하는 일도 비슷해. 공항 관제탑이 비행기의 움직임을 조율하듯, 제철소 전체의 생산과 물류 흐름을 실시간으로 관리하는 업무야. 각 생산 공장에 제조 지시를 내리고, 수백만 톤의 쇳물이 언제, 어떤 설비를 거쳐 어디로 이동할지 전체 흐름을 통제하는 일이지.

자동차 강판 등 다양한 제품이 완성될 때까지 생산 계획부터 물류, 설비 운영까지 전체 흐름을 종합적으로 관리하는 업무라서 큰 책임과 긴장감을 요구하는 일이었어. 두려운 생각도 들었지만 동시에 거대한 제철소의 심장 박동을 조율한다는 자부심도 느꼈지.

그 후 업무능력을 인정받아서 슬라브 정정 공장을 맡게 되었어. 슬라브Slab는 두꺼운 강철 반제품인데, 이를 곧게 펴서(정정) 제품의 품질을 균일하게 만드는 공정을 수행하는 공장이었어.

문제는 그 과정이 순조롭지 않아서 불량률이 높았다는 거야. 그 공장은 불량 문제 때문에 패배 의식이 깊게 자리 잡고 있었어. 게다가 여성 공장장이 임명되니 직원들의 반응은 더 부정적이었지. 제품뿐만 아니라 직원들의 마음도 개선해야 하는 막중한 책임을 맡게 된 거야.

그래서 어떻게 됐냐고? 그해, 우리 공장은 '불량률 높은 공장'에서 '최우수 공장'으로 선정되어 큰 박수와 함께 인정받았어. 모두가 "우리는 포스코 전체에서 자랑할 만한 팀이다"라는 자신감을 가지게 됐지. 직원들의 눈빛과 태도가 달라지고, 좋은 제품이 생산되는 걸 확인하며 가슴이 뜨거워졌던 좋은 경험이었어.

그 경험을 바탕으로 2제강 공장장이 되었어. 2제강 공장은 매년 600만 톤이 넘는 자동차 강판의 소재를 생산하는 생산의 심장이야. 자동차 1,000만 대에 쓰이는 강판을 생산하는 곳이지. 300명이 넘는 직원, 500명의 외주 인력이 움직이는 큰 조직에서 철강 생산의 심장을 총괄했어.

무엇보다 직원들의 안전을 최우선으로 생각한 나는 쇳물이 흐르는 제철소에서 누구나 안심하고 일할 수 있는 환경을 만들기 위해 최선을 다했어. 동시에 더 좋은 품질을 만들기 위해 노력했지. 그 결과 2제강 공장은 광양제철소의 자동차 강판 생산 제철소로 성장하게 되었어.

시간이 흐르고, 혁신 지원 그룹장이 되었어. 이름이 좀 어렵지? 말 그대로 현장의 생산성과 효율을 극대화하고 제조의 혁신을 이끄는 역할을 맡은 거야. 안전하고 체계적으로 일하는 제조 문화가 뿌리내릴 수 있게 만드는 일이었지.

그다음에는 생산기술 전략실 생산기술 기획 그룹장이 되면서 포스코의 전체 생산과 기술 전략을 수립하는 책임을 맡았어. 연구개발R&D 팀과 생산 현장을 연결하고, 신기술 개발, 글로벌 경쟁력 확보 등을 위해 청사진을 그리고 실행하는 리더가 된 거야. 그동안 직접 뛰었던 현장 개선도 중요하지만, 미래지향적 생산 인프라와 신기술 확보가 곧 회사의 생존과 성장동력이라는 것을 깊이 체감할 수 있었어.

최근에는 탄소중립 전략실장으로 활동하고 있어. 철강산업은 많은 이산화탄소를 배출하기 때문에 친환경 문제는 산업 전체의 숙제이자 미래야. 이에 맞춰 탄소 배출을 획기적으로 줄이기 위한 설비 투자, 수소 환원 제철HyREX 도입, 에너지 전략, 원료 및 전력 수급 전략, 국제 협력 통한 표준 정립 등 거대한 변화의 흐름을 주도하는 게 내 역할이야. 따라서 포스코의 2050 탄소중립 목표 달성을 위한 미래 전략 전반을 수립해 왔지.

철강의 3,000년 역사를 통째로 바꾸는 도전이었고, '철'이라는 오래된 소재가 미래 산업의 중심에 다시 서는 순간을 함께 만들기 위해 국내외 연구 기관, 정부, 글로벌 기업들과 협력하고, 국회나 정부 부처와 소통하며 변화의 필요성을 설득하는 일도 계속하고 있어.

 신입사원 시절, 업무를 파악하려고 늘 늦게까지 사무실에 남아 있었어. 크리스마스이브에도 가족과 함께 보내지 못하고 밤늦게 사무실에 있었지. 창밖에는 조용히 눈이 내렸고, 내 책상 위엔 풀리지 않는 과제와 초조한 마음이 쌓여 있었지. '내 힘으로 다 해내야만 한다'라는 압박감에 누구와도 의논하지 못하고 혼자 고민하던 시기였어.

그러던 어느 날 밤, 복도에서 우연히 마주친 선배에게 솔직한 마음을 털어놓았는데, "나도 그랬다"라며 따뜻하게 응원해 주시더라. 팀장님 역시 "혼자 끙끙대느라 밤새지 말고, 언제든 물어 봐"라며 조언해 주셨어. 선배님들의 따뜻한 말 한마디에 깨달았어. 혼자서 모든 걸 떠안고 버티는 것보다 도움을 청하는 용기가 도움이 된다는 것을.

그날 이후 중요한 것부터 잘게 쪼개어서 처리하고, 막히는 부

110

분은 선배에게 묻고, 동료들과 토론하며 풀어 가기 시작했어. 덕분에 일의 무게도 가벼워지고 한층 더 단단하게 성장하게 된 것 같아.

또 하나의 잊을 수 없는 힘든 시기는 슬라브 정정 공장장이 되었을 때야. 불량률이 높은 공장을 맡았으니, 위험부담이 컸지. 하지만 문제를 해결하는 능력을 발휘할 기회라고 생각하고 적극적으로 일했지.

무엇보다 "기술보다 사람이 먼저"라는 마음으로 직원들과 진심으로 소통해야겠다고 결심했어. 매일 작업복을 입고 현장에서 직원들을 만나 인사하고 곳곳을 직접 점검했어. 주간뿐 아니라 야간조가 교대할 때도 인사를 하며 모든 직원과 가까워지려 노력했지. 누가 어떤 고민을 안고 있는지, 왜 패배 의식이 자리 잡았는지, 무엇이 바뀌면 좋겠는지 메모하며, 하루, 이틀, 한 달… 그렇게 100일 넘게 현장과 사무실을 오가며 대화를 이어 갔어.

큰 목표보다는 작은 목표를 세웠어. 잘 풀리지 않을 땐 다 함께 머리를 맞대어 방법을 찾았고, 작은 것이라도 성취하면 기뻐하며 즐거움을 함께 나눴던 방법이 힘든 시기를 이겨낸 원동력이 되었지.

조직에 활력을 불어넣는 다양한 이벤트도 직접 기획하고 운영했어. 체육대회, 워크숍, 사내 소모임 같은 행사를 통해 동료들과 꾸준히 교류한 덕에 조직은 점차 활기를 띠어 갔지. 긍정적인 에너지를 모아 문제도 해결하고 모두가 함께 성장할 수 있었어.

힘든 시기는 누구에게나 와. 그때 중요한 건 혼자 버티는 게 아니라 함께 해결하는 힘이야. 자신의 강점과 약점을 잘 파악하고, 할 수 있는 것부터 차근차근 도전하면 분명히 더 단단하게, 다음 단계로 성장하는 토대가 될 거야.

나는 '철'이라는 소재가 앞으로 '미래의 열쇠'가 될 거라고 확신해. 전기차, 수소차, 초고층 빌딩, 우주선, 스마트시티 등, 이 모든 것의 기반에는 '철'이 있어.

기술이 발전할수록 세상은 더 강하고, 더 가볍고, 더 똑똑한 철이 필요해. 때문에 초경량 차체, 전기차 배터리 보호 소재, 태양광 구조체, 신재생 전기와 수소 산업, 미래형 건축물이나 바다와 극지의 극한 환경 등 각 분야에 맞게 철은 자신의 가능성을 넓혀가고 있어.

앞으로 철강 산업의 핵심은 '똑똑한 소재', '가벼운 기술', 그리고 '지속 가능한 생산'이 될 거야. 미래 산업의 중심에서 철강 신소재를 개발하는 일, 그리고 친환경 혁신을 이끄는 일 모두 이공계 후배들이 도전해야 할 미래이기도 해.

지금은 탄소중립이 선택이 아닌 필수 생존 조건이 된 시대야.

철강 산업은 오랜 시간 동안 세상의 기초를 이루는 중추적인 역할을 해 왔지만, 철광석을 녹이는 과정에서 많은 이산화탄소를 발생시킨다는 큰 부담을 지고 있었어. 따라서 지구의 미래와 직결되는 '기후 변화' 문제를 해결할 방법이 큰 숙제가 됐지.

그 답을 찾기 위해 개발한 기술이 수소 환원 제철이야. 석탄 대신 수소를 사용해 철을 만드는 방식이지. 이산화탄소 대신 물만 배출하는 친환경적인 첨단 철강은 3,000년을 이어 온 제철 방식을 근본적으로 바꾼 큰 도전이자 변화야.

물론 한 기업의 힘만으로는 세상을 바꾸기 어렵지. 그래서 정부, 학계, 산업계가 힘을 모아서 친환경적이고 지속 가능한 철을 만들기 위해 협력하고 있어. 단순히 기술을 바꾸는 것이 아니라 사회와 산업 전체의 패러다임을 새롭게 설계하는 일이야.

AI 기반의 에너지 최적화, 글로벌 공급망 협력, 수소 인프라 구축 같은 과제들도 앞으로 연구자들이 함께 해결해야 할 큰 역할이야. 앞으로 이 분야에 뛰어드는 후배들은 공학적 전문성을 바탕으로 환경·데이터·재료·에너지·국제 협력까지 아주 넓은 스펙트럼의 미래를 만들어갈 주인공이 될 거야.

🎙️ 일을 하면서

가장 보람을 느꼈던 순간은 언제인가요?　포스코에서 다양한 역할을 맡아 오면서 그 모든 순간이 뜻깊은 보람과 감동이었고, 하나의 일화를 꼽을 수 없을 정도로 매 순간이 도전과 배움의 연속이었어.

처음 현장에서 생산과 물류를 실시간으로 조율하게 되었을 때는 무척 긴장되고 부담이 컸어. 하지만 동료들과 한마음으로 호흡을 맞춰 모든 일이 순조롭게 이뤄질 때, '보이지 않는 손으로 세상을 움직이고 있다'는 자부심을 느꼈지.

수백 명의 직원, 거대한 설비, 아주 뜨거운 쇳물 앞에서도 일상적으로 결정을 내리는 순간마다 '신뢰와 책임'이 무엇인지를 뼈저리게 배웠어. 현장에서 동료들과 함께 땀 흘리며 문제를 미리 발견하고, 더 안전하고 좋은 품질의 제품을 만들 때, 그리고 그 강판이 세상 곳곳에서 자동차나 건물, 다양한 제품으로 다시 태어나 인류의 삶에 직접 도움이 된다는 걸 생각하면, 말로 다할 수 없는 보람이 밀려오곤 해.

위기 상황을 겪을 때마다 동료들과 함께 한마음으로 문제를 해결할 수 있었어. 그 과정에서 "내가 아닌, 우리 모두의 힘"이 가장 큰 자산임을 깨달으며 큰 감동을 얻었지.

지금 내가 서 있는 곳은 철강 산업의 탄소중립과 같은 거대한 변화의 최전선이야. 특히 수소 환원 제철처럼 전 세계가 도전하는 친환경 기술과 지속 가능한 미래를 위한 변화를 이끄는 자리야. 내 작은 노력이 '다음 세대가 살아갈 깨끗한 지구'로 이어질 수 있다는 보람을 느껴.

그래도 가장 보람된 순간이 언제였는지 묻는다면, '동료들과 함께'라고 느끼는 순간이야. 나도 다른 동료 덕분에 성장했고, 누군가의 성장을 도왔지. 그게 우리 팀이 단단해지는 과정이었고, 우리 산업도 더 탄탄해진 힘이라고 믿어. 그리고 미래 세대, 특히 여성이 마음껏 도전할 수 있는 길을 조금이나마 넓혀 놓았다는 점이 가장 큰 보람이야.

돌아보면 힘든 상황에서 포기보다 도전을 선택한 덕에 이런 보람을 느낄 수 있게 된 것 같아. 힘든 상황이 오면 내 이야기를 떠올려 봐. 포기하지 않았던 덕분에 보람을 느끼게 되고, 그 힘으로 다음에 올 고난을 이겨낸 이야기 말야.

🎙️ 매 순간 리더십이
필요했을 것 같아요.　　　여러 현장에서 리더로 일하며 깨달은 건, 리더십의 본질은 결국 '사람과 문제 모두를 진심으로 대하는 것'이라는 사실이야. 내가 깨달은 내용을 정리해 볼게.

첫째, 현장에 함께하는 태도야.

공장 설비에 이상이 생겼던 날이 있었어. 현장으로 달려가 담당자들과 머리를 맞대고 함께 고민하며 원인을 찾아냈지. 그때 느낀 건, 문제가 생겼을 때 리더가 함께 있어야 구성원들이 안심하고 신뢰하게 된다는 거였어. 그 후에는 현장의 문제를 중심에 두고 함께 해결책을 찾으려 노력했어. 현장에서 직접 직원들의 목소리를 듣고 작은 불편함까지 살피며 함께 해결했어. 그런 내 행동이 생산성과 안전, 조직의 분위기까지 바꾸더라.

두 번째는 빠르고 명확한 의사결정이야.

위기 상황에는 모두가 불안하고, 뭘 해야 할지 몰라서 혼란스러울 수 있어. 그럴 때 우선순위를 정하고, 각자 할 일을 정해서 실행하도록 하는 게 큰 도움이 됐어. 덕분에 신속히 수습할 수 있었지. 큰 위험을 막아서 다행이었고, 팀원 모두가 함께 해결했다는 마음이 조직 전체의 흐름을 지키는 힘이 되었지.

세 번째, 소통과 경청이야.

혁신은 거창한 회의실보다 현장에서 시작하는 경우가 많더라. 실제로 일하는 분들과 대화하고 "이 일은 왜 불편한가, 더 나은 방법은 없을까?"를 물으며 의견을 듣다 보면, 더 나은 방법을 찾을 수 있었어. 때로는 현장의 경험을 통해 예상치 못한 아이디어도 발견할 수 있었지. 작은 의견도 지나치지 않고 소통하면서 팀워크도 탄탄해졌어.

네 번째는 책임감과 용기야.

리더에게는 자기 선택을 책임지려는 자세가 필요해. 새로운 혁신을 도입할 때 성공할지 실패할지 알 수 없잖아. 결과가 어떻든 내가 책임지겠다는 태도를 보여야 팀원들이 안심하고 최선을 다할 수 있어. 특히 공장처럼 위험성이

좋은 리더십은
혼자 앞서가는 것이 아니라
모두가 함께 성장하도록 길을 밝히는
것이라는 믿음을 가지게 되었어.

큰 조직에서는 신속하게 결정을 내리고 기꺼이 책임지는 용기가 중요하더라.

마지막으로, 꾸준히 배우는 마음과 인내심이야.

과학과 산업은 늘 빠르게 변화해. 그렇기에 과거의 방식과 새로운 기술 사이에서 적절한 균형을 잡아야 하지. 늘 성공하면 좋겠지만 실패할 때도 있어. 그때마다 좌절하지 않고 실패를 통해 배우는 자세가 필요해. 그때마다 '나 혼자가 아니라 우리가 한다'라는 믿음으로 동료들과 함께했지. 그건 결국 '내가 아니라 우리가 해냈다'라는 성취감으로 소중하게 남더라. 작은 개선이 모여 큰 혁신이 되고, 동료들이 성장하며 회사도 달라지는 모습을 보는 건 정말 보람 있는 경험이었어.

모든 과정을 통해서 좋은 리더십은 혼자 앞서가는 것이 아니라 모두가 함께 성장하도록 길을 밝히는 것이라는 믿음을 가지게 되었어.

🎙️ 여성으로서 겪은 어려움은 어떻게 극복하셨나요?

나는 누구든 상관없이 가슴 뛰는 일을 하는 것이 맞다고 생각해. 좋아하고 설레는 일이 있다면 남녀 구분 없이 도전하는 게 옳아. 물론 여성이 더 쉽게 접근할 수 있는 분야가 있고, 남성에게 편한 분야도 있겠지. 하지만 강요해서도, 제한해서도 안 된다고 믿어. 예전에는 여성의 일이라고 생각했던 미용이나 패션 분야에도 남성이 많이 활동하고, 남성의 일이라고 생각했던 건설이나 공학 분야에도 여성들이 많이 활동하잖아. 시작할 때는 어떤 일이든 시행착오는 있겠지만 성별 때문에 좌절되어서는 안 된다고 생각해.

1990년, 내가 포스코 여성 엔지니어 공채 1기로 입사했을 때만 해도, 용광로 같은 거대한 설비 앞에 여성이 서면 안 된다는 금기도 있었대. 안전모도 쓰고 작업복을 입었다고 해도 갓 대학을 졸업한 여성이 현장을 누비며 일하는 모습이 낯설고 불편했던 모양이야. 하지만 시간이 지나니 달라지더라. 열심히 일하는 나를 여성으로 대하는 사람은 없어지고 동료로 인정해 주었어.

특별한 극복한 방법이 따로 있었던 건 아닌데, 노력하는 태도와 실력으로 인정받았다고 생각해. 나 자신을 틀에 가두고 한계를 정하지 않았고, 함께 일하는 동료가 믿을 수 있는 사람이 되려고 노력했어. 언제나 현장에 같이 있었고, 어떤 일이든 다른 사람에게 책임을 전가하지 않았어. 그렇다고 고집스럽게 혼자 앞서가지 않고 동료들과 늘 함께하려고 했지.

지금은 많은 여성 엔지니어가 제철소에서 활약하고 있어. 현장에서 중요한 역할을 맡고 잘 해내는 모습을 보면, 먼저 시작해서 길을 닦아 놓았다는 마음에 뿌듯해져.

결국 중요한 건 성별이 아니라, 그 일을 얼마나 좋아하는지, 열정을 다해 해내고 있는지야. 열정은 자신의 한계를 넘어서는 힘이 된다는 것, 기억해 줘.

청소년들이 어떤 능력을

길러두면 좋을까요?　　　지금, 이 순간 이공계 진로를 고민하며 "내가 정말 할 수 있을까?", "공대나 과학 분야가 남자들만의 무대는 아닐까?"라며 망설이고 있다면 꼭 들려주고 싶은 말이 있어.

첫째, 주도적으로 도전하는 용기 가지기

이공계 공부가 처음엔 어렵고 낯설 거야. 나 역시 해낼 수 있을지 두려울 때가 많았어. 하지만 결과는 해 보기 전에는 모르는 거야. 그래서 일단 도전해 봤어.

작은 실험 하나, 교내 대회 하나, 새로운 문제 하나… 이런 작은 도전이 쌓이면서 내가 무엇을 좋아하고 잘할 수 있는지 알 수 있었지. 모든 도전이 성공할 수는 없어. 실패해도 괜찮아. 그 경험은 자기만의 것이고 어떤 방향으로든 발전하게 되니까.

둘째, 피드백과 자기 성장에 마음 열기

과학 동아리 프로젝트에서 실수할 수도 있고, 수학 문제를 틀릴 수도 있어. 그럴 때 주저하지 말고 선생님이나 친구들에게 질문하고, 조언을 받아들여 봐. 배우려는 태도는 더 많은 기회를 제공해 줄 거야. 남의 시선에 움츠러들 필요 없어. 너의 성장을 위해 용기를 내 보는 거야.

셋째, 자기주도적으로 학습하고 시간 관리하기

여러 과목을 공부하거나 대회와 과제를 동시에 준비해야 할 때도 있을 거야. 그럴수록 우선순위를 정하고 스스로 시간을 관리하는 훈련이 필요해. 또 최근에는 책을 비롯해 온라인 강의 등 배울 수 있는 방법이 다양해졌어. 부족한 부분을 스스로 채워 넣는 힘은 큰 재산이 될 거야.

넷째, 적극적으로 소통하고 협력하기

과학도, 공학도, 사회생활도 팀워크와 소통이 중요해. 함께 실험하고 토론하며 서로 다른 관점을 나누다 보면, 문제 해결 능력도, 창의력과 융합적 사고도 자연스럽게 성장해. 게다가 나뿐만 아니라 함께하는 사람도 같이 성장한다는 기쁨도 알게 될 거야.

함께할 동료가 필요하다면 먼저 "같이 해 보자"라고 손을 내밀어 봐. 작은 아이디어라도 서로 나누다 보면 '내가 몰랐던 나의 잠재력'까지 발견할지도 몰라.

네 가지 능력은 이공계뿐 아니라 어떤 길을 가더라도 너를 단단하게 지켜줄 기반이 될 거야. 너의 꿈이 아직 뚜렷하지 않아도 괜찮아. 도전하고, 배우고, 함께 걸어가다 보면 어느 날, 너만의 길을 찾을 수 있을 거라고 믿어.

🎙️ 공학자를 꿈꾸는 학생들에게

꼭 전하고 싶은 이야기가 있나요?   공학의 길을 먼저 걸어온 선배로서, 가장 강조하고 싶은 건 '설렘'과 '가능성'이야.

현장에서 새로운 문제와 마주할 때면 막막하고, 긴장할 때도 많았어. 그래도 계속 이 길을 걸어올 수 있었던 건, 어려운 문제를 해결했을 때 느끼는 짜릿함 때문이었지. 내 작은 노력이 큰 변화의 첫걸음이 되었다고 느끼는 순간, 온몸에 퍼지는 짜릿한 기쁨은 말로 다 표현할 수 없어.

또 하나, 스스로 한계를 정하지 마렴. 누구나 '내가 선택한 길이 나한테 맞는 걸까?', '내가 해낼 수 있을까?'라는 고민을 하게 돼. 나도 그랬고, 실수도 많이 했어. 하지만 진짜 성장은 그런 고민과 실패했을 때 다시 도전하는 용기에서 시작되더라.

공학은 불가능을 가능하게 하는 힘이야. 단순히 기계와 숫자를 다루는 분야가 아닌 세상에 없던 것을 만들고, 복잡한 문제에 해답을 제시하는 분야지.

더 많은 사람의 삶이 편리해지고, 세상이 변화하는 걸 상상해 봐. 스마트폰, 하늘을 나는 비행기, 우주 개발, 소중한 생명을 지키는 의학 기술, 깨끗한 물과 안전한 먹거리, 훨씬 더 건강하고 편리해진 일상과 도시, 기후 위기, 탄소중립, 지속가능한 발전, 4차 산업혁명, 인공지능과 데이터 등도 누군가의 호기심과 손끝에서, 팀워크에서 시작됐어.

인류 공동의 문제와 꿈을 해결하는 데 공학도의 역할은 그 어느 때보다 중요해. 탐구심, 끈기와 더 나은 세상을 꿈꾸는 용기는 인류의 역사를 바꾸는 커다란 힘이 될 거야.

공학자의 길은 생각보다 가까이 있어. 대단한 발견이나 연구를 해야만 공학자가 되는 건 아니야. 작은 실험, 부품을 조립해 보는 과정, 친구와 주고받는 토론, 창의적인 아이디어 메모하기 등 그런 사소한 시도들이 쌓이면서 자기만의 흥미와 강점, 꿈의 방향이 자연스럽게 드러나게 돼.

그러니까 어떤 경험이든 가볍게 생각하지 말고, 그 경험이 자신에게 어떤 의미인지 생각해 보렴. 그 경험을 통해 어느 순간 자기만의 전문성과 꿈의 방향이 선명해질 거야.

무엇보다 중요한 건 다른 사람의 평가가 아닌 나의 생각이야. 좋은 대학교, 인기 많은 전공, 대기업 취직 같은 건 다른 사람의 기준일 뿐 진짜 중요한 건 나에게 있어. 동아리, 멘토링, 봉사, 현장 견학, 창업 캠프… 어떤 기회라도 직접 경험해 봐. 그러면서 내가 무엇을 좋아하고 기뻐하는지, 재미있어 하고 마음을 움직이는 건 무엇인지 스스로를 꾸준히 관찰해 보렴.

좋아하는 일을 발견하게 되면 그 일을 먹고사는 직업으로만 생각하지 말고, 세상에 어떻게 기여할 수 있을지, 어떤 변화를 이끌고 싶은지도 구체적으로 상상해 봤으면 해. 그리고 실패를 두려워하지 말고, 자신의 가능성을 믿으면 좋겠어.

공학자에게 실패는 좌절할 이유가 아니라 한 번 더 도전할 기회야. 그러니 포기하지 말고, 다음에 더 잘할 수 있다는 믿음으로 다시 도전해 봐. 그렇게 한 단계씩 자신의 한계를 넘는 과정에서 진짜 내 힘이 쌓일 거야.

아직 경험하지 못한 걸 두려워하는 건 당연한 일이야. 하지만 결코 미리

한계를 정하지 않고 작은 시도와 협업과 호기심으로 한 걸음씩 걸어
가다 보면 반드시 멋진 공학자가 되어 있을 거라고 믿어.

🎙 마지막으로 꼭 당부하고 싶은 한마디가 있다면요?

진로를 고민하며 "이 길이 나에게 맞을
까?", "나는 무엇을 잘할 수 있을까?"라고 스스로에게 묻는 시간이
진짜 성장의 씨앗이야.

처음부터 거창한 목표를 세우거나 완벽한 계획으로 인생을 설
계해야 하는 건 아니라고 생각해. 지금 네 마음이 움직이는 작은 설
렘과 호기심을 따라가 봐. 그곳에 답이 있을 거야. 완벽한 답을 찾지
못해도 사소한 관심과 재미있다고 생각하는 방향이 있다면, 그게 진
짜 시작이니까.

이공계든 인문계든, 여성이든 남성이든 중요한 건 오직 하나
야. 자신이 선택한 길에서 최선을 다하고, 나의 실력과 경험이 주변
과 사회, 나아가 인류에 어떻게 보탬이 될 수 있을지 고민하는 마음
이야.

앞으로 너에게 '도전'과 '성장'이라는 선물 상자가 계속 열릴
거야. 때로는 성공하고, 때로는 실수도 하겠지. 하지만 그 실수를 통
해서 배움을 얻고 작은 성공도 맛보며 멋지게 걸어갈 수 있어. 함께
하는 사람들과 힘을 합쳐 문제를 해결하다 보면 어느 순간, 예전보
다 훨씬 단단해진 자신을 발견하게 될 거야.

　내가 누렸던 그 기쁨과 자부심을 너도 누려보기를 바라. 네가 선택한 길이 어떤 것이든 그 길 위에서 너만의 멋진 이야기를 만들어가길 응원할게.

"왜 그럴까?"라는 질문이,
언젠가 세상을 밝힐
너만의 길을 열어 줄 거라 믿어.

김현정 | 서강대학교 물리학과 교수
한국과학기술한림원 물리학 분야 최초의 여성 정회원
2024년 과학기술정보통신부 장관 표창 수상

물리에 관심을 가지게 된

계기가 궁금합니다. 네가 물리에 관심이 있다는 이야기를 듣고 정말 반가웠단다. 학교 성적이나 입시 때문이 아니라, 정말 궁금해서 던진 "왜 그럴까?"라는 질문 하나. 어쩌면 그 질문 하나가 네 삶을 바꿔 놓을지도 몰라. 앞으로의 일은 아무도 모르지만, 확실한 건 네 물음표가 아주 멋진 출발점이라는 거야.

나도 어릴 땐 궁금한 게 너무 많았거든. 하늘은 왜 파란지, 별은 왜 반짝이는지… 알고 싶은 게 너무 많았던 어느 날, 이런 현상들이 하나의 단어로 설명될 수 있다는 걸 알게 되었어. 그 단어가 바로

'물리'였어. 관심을 두고 들여다보니 더 많이 알고 싶어졌고, 알면 알수록 물리가 좋아졌단다. 물리는 나에게 세상을 읽는 새로운 창이 되었어.

이제 막 물리에 관심을 가지게 된 너에게, 물리학자로 살아가는 나의 이야기를 들려줄게. 나의 경험이 네가 너만의 길을 찾는 데 도움이 되면 좋겠어.

초등학교에 다니던 어느 날이었어. 체육 시간, 운동장에서 한참을 뛰다 보니 땀으로 범벅이 되었지. 얼른 수돗가로 가서 세수하고 손을 씻었어. 손을 씻는 건 늘 하던 일이었는데 그날따라 내 손을 따라 흐르는 물이 유난히 반짝이는 거야. 반짝이는 물을 보다가 "물은 수소와 산소가 결합한 거야."라는 선생님 말씀이 떠올랐어. 그와 동시에 떠오른 내 머릿속 궁금증 하나. '어? 기체와 기체가 만나서 어떻게 액체가 될 수 있지?'

내 손등을 타고 흐르는 액체가 두 종류의 다른 기체가 만나서 만들어진 거라는 사실이 현실적으로 와닿지 않았어. 그날 이후 물은 내게 가장 흥미로운 수수께끼가 되었어.

그리고 한번은, 어머니가 음식을 만드실 때 그릇에 담겨 있는 소금 덩어리를 보면서 학교에서 배운 내용이 생각났어. '소금은 덩어리가 크든 작든 알갱이 모양이 정육면체'라는 것, 어떻게 그럴 수 있는지 쉽게 이해되지 않았어.

그런 사소한 일상의 호기심이 나를 물리의 세계로 이끌었다고 생각해.

대부분의 사람은 궁금한 것이 있어도 그냥 지나쳐 버리곤 하지. 하지만 "왜?"라는 호기심을 가지고, 그것을 알고자 하는 것. 그게 바로 과학을 시작하는 첫걸음이었던 거야. 그렇게 생각해 보면 과학자로서 살아가는 데 가장 큰 재능은 바로 궁금증을 갖는 것 아닐까.

너도 어떤 공식을 외우기보다 먼저 궁금해했으면 좋겠다.

물리는 어떤 학문인가요?

"너무 어려워요."

"힘들어서 포기하고 싶어요."

많은 사람이 물리는 '어려운 학문'이라고 생각하며 외면하지. 자연의 원리에 호기심을 갖던 사람도 막상 공부를 시작하면 너무 어렵다면서 흥미를 잃곤 해. 하지만 그건 물리에 대한 오해에서 비롯된 거야. 물리는 외워야 할 공식도 많고 계산이 복잡해 보이지만, 그 원리를 알면 쉬워지는 속성이 있거든. 그래서 나는 물리를 '어려운 과목'이 아니라 '겉과 속이 다른' 학문이라고 생각해. "왜?"라는 질문과 원리를 이해하려는 끈기만 있다면 물리는 너에게 세상의 감춰진 많은 모습을 보여 줄 거야.

해가 뜨고 지고, 비가 내리고, 바람이 불고, 무지개가 뜨는 건 누구에게나 익숙한 풍경이겠지. 하지만 물리

"왜?"라는 호기심을 가지고, 그것을 알고자 하는 것. 그게 바로 과학을 시작하는 첫걸음이었던 거야.

를 알게 되면, 그 풍경 속에 감춰진 자연의 이치를 알 수 있어. 에너지, 빛, 속도, 빛의 파장, 온도 등 자연이 가지고 있는 현상과 법칙 말이야.

저녁 하늘을 예로 들어 볼까?

파란 하늘이 붉게 물드는 걸 본 사람들은 '저녁놀이 너무 예쁘다'라고 생각하지만, 물리학자라면 한 발짝 더 들어가서 생각할 거야. "왜 낮에는 파랗고 저녁에는 붉어질까?"

그 답을 찾아가는 과정에서 빛의 산란과 공기의 분자 구조, 파장에 따른 산란 차이 등 숨어 있던 자연의 이치가 드러나. 바로 그 순간 세상이 읽히기 시작하는 거지.

창문 밖으로 빗방울이 떨어지고 있어.

그 장면을, 물리를 통해서 보면 수소와 산소가 만나 물이 되는 자연의 법칙, 표면장력 때문에 유리창을 따라 맺히는 힘의 균형, 중력에 의해 흘러내리는 자연의 질서… 이렇게 다양한 세상의 원리를 볼 수 있는 거지.

다른 예를 들어볼게. 다들 한 번쯤 봤을 공식이야.

$F=ma$

$F=ma$는 아주 유명한 '뉴턴의 운동 법칙'이야. '힘(F)은 물체의 질량(m)에 가속도(a)를 곱한 값이다.'라는 뜻이지. 달리는 자전거가 멈추지 않으려면 계속 달릴 힘이 필요하고, 축구공이 움직이다가 멈추는

건 처음에 주었던 힘이 사라졌기 때문이야. 여기에는 '변화'라는 단어가 숨어 있어. 그러니까 '$F=ma$'라는 짧은 공식에 자연이 가진 큰 원리가 담겨 있는 거지.

이 공식을 단순히 계산식이라고 생각하면 물리는 지루해지고 말 거야. 그런데 사실 이 공식은 단순한 계산식이 아니라, '무언가를 움직이게 하려면 변화시킬 힘이 필요하다'라는 자연의 현상을 수학적으로 표현한 문장이야. 예를 들자면 시인이 '바람이 나무를 흔든다.'라고 쓰는 것을 물리학자는 '$F=ma$'라고 쓴 셈이지.

그래서 물리를 배울 때는 공식을 외우기보다, 그 공식이 말하고자 하는 내용과 뜻을 이해해야 해. 그것을 읽는 법만 배워도 세상은 훨씬 더 선명하게 보일 거야.

🎙️ 물리를 잘하려면

수학을 잘해야 하나요?　　"물리를 잘하려면 수학을 잘해야 한다."

한 번쯤은 들어 본 말이지? 수학 때문에 물리를 시작도 하기 전에 포기하는 학생도 많을 거야.

"나는 수학이 약하니까 물리는 안 맞아."

이 말은 절반은 맞고, 절반은 오해야. 물리 문제를 푸는 데 여러 가지 수학식이 쓰이기 때문에 생긴 편견이지. 물리에서 수학은 목적이 아니라 도구야. 물리에서 개념을 제대로 이해했더라도, 정확한 답을 얻어내지 못하면 소용없지. 그러니까 기본적인 수식을 잘 다뤄야 하고 정확히 계산할 수 있는 능력이 필요해.

하지만 물리에서 필요한 수학 지식이나 능력은 우리가 배우는 수학 전체 중 일부이고, 기본적인 내용에 속해. 기본 개념을 잘 이해하고, 수식을 자유롭게 변형할 수 있을 정도의 연습이면 충분해. 그러니 수학이 어렵다고 물리를 미리 포기할 필요는 없어. 오히려 물리를 공부하다 보면 자연스럽게 수학 감각도 키워질 거야.

그리스 신화에 미궁에 갇힌 테세우스 이야기가 나와. 아무도 나오지 못한다는 미궁에서 실타래를 따라 빠져나오지. 물리에서 수학은 길을 잃지 않게 해 주는 그 실타래와 같다고 생각하면 돼.

그 실을 따라가다 보면 흩어져 있는 퍼즐의 조각이 잘 맞물려서 멋진 그림이 완성되는 순간이 오는 거야. 그 순간에 느끼는 큰 기쁨이 '물리'라는 학문의 매력이란다.

🎙️ 물리를 선택하게 된 계기가 있었나요?

초등학교 때, 나에게 실험실은 낯선 공간이었어. 과학 시간에 잠깐 머무르는 곳일 뿐, 여러 종류의 실험기구들이 있어서 늘 깨질까 조심스러운 공간이었지. 그런데 당시 과학 주임이었던 선생님이 우리 반 담임을 맡으면서 자연스럽게 실험실에 드나들 일이 많아졌어.

어느 날 담임 선생님께서 "그냥 보지만 말고 직접 실험해 보렴."이라고 하셨는데, 그 한마디가 내 인생을 바꿔 놓을 줄이야!

친구들과 함께 알칼리와 산성 용액을 리트머스 종이에 떨어뜨려 색 변화로 구분하고, 물을 전기 분해하여 수소와 산소가 2:1 비율로 발생하는 걸 눈으로 확인했지. 그런 작은 실험을 계속했어. 직렬, 병렬, 전기 회로 구성 실험에서 구리 선으로 전구를 연결하고, 마침내 전구의 불빛이 '딱' 하고 켜지는 순간 가슴이 쿵 하고 뛰었지. 그 순간, 교실에서 배운 이론이 눈앞의 세상에서 살아 움직였어. 과학이 '이론이 아닌 현실'로 변하는 마법이 일어났던 거야.

이론으로만 배웠던 전류, 회로, 저항이 이제는 손끝으로 느껴졌어. 그때는 몰랐지만, 물리는 단지 계산의 학문이 아니라 세상과 연결되는 체험의 학문이라는 사실을 알게 된 거였어.

널리 알려진 이야기지만, 물리학의 위대한 발견들이 이런 작은 실험실에서 시작되었어. 패러데이Michael Faraday(영국 물리학자이자 화학자)가 자기장 속에서 코일을 흔들어 흐르는 전류를 발견했을 때, 그는 단순히 '전류가 생겼다'가 아니라 '움직임이 전기를 만든다'라는 법칙을 알아냈어. 그 원리는 지금 우리가 쓰는 모든 발전기의 기초가 되었지.

모든 실험이 다 성공하는 건 아니야. 여러 번 실패하기도 하고, 예측과 다르게 나오기도 하지. 어떤 때는 아무것도 보이지 않는 결과에 실망하기도 해. 그런 순간에도 좌절 대신

"왜?"라는 물음을 놓지 않는다면, 거기서부터 새로운 시작이 될 수 있어.

물리학의 역사는 이런 실험과 관찰의 역사이기도 해.

갈릴레오Galileo Galilei(이탈리아의 철학자, 물리학자, 천문학자)는 피사의 사탑에서 공을 떨어뜨리며 중력의 속도를 측정했고, 리처드 파인만Richard Feynman(미국의 물리학자)은 냄비 뚜껑의 진동을 바라보며 양자 전자 역학의 아이디어를 떠올렸어.

실제로 실험실에서 여러 가지 실험을 하면서 느꼈던 즐거움, 중학생 시절 국립과학관 실험 교실에 참여했던 경험은 진짜 과학자가 된 기분을 느끼게 해줬고, 단순한 희망 사항이 아니라 물리학자로서 구체적인 진로를 결정하는 계기가 됐어.

참, 탐정 이야기 좋아하니?

나는 어린 시절 셜록 홈스와 뤼팽이 등장하는 추리 소설을 좋아했어. 처음에는 아무런 단서도 없어 보이는데, 주인공들이 결정적인 실마리를 찾아 사건을 풀어 가는 과정이 너무 매력적이라 푹 빠졌었지.

물리를 공부하다 보니 추리 소설과 공통점이 있더라. 사실 물리학자는 '일상의 탐정'이라고 할 수 있어. 눈에 보이는 현상 속에서 눈에 보이지 않는 원인을 찾고, 그 배후에 숨어 있는 '진짜 범인'을 추적하지. 이때 말하는 '범인'은 바로 '자연의 법칙'이야.

예를 들어 볼게.

탁자 위에서 굴러가던 공이 점점 느려지다 멈춰. 이때 우리는

'힘이 떨어졌으니 멈췄구나'라고
생각하지. 하지만 물리학자라
면 이렇게 생각할 거야. "정말
그럴까? 힘이 없으면 멈춘다
는 게 사실일까?"라고.

그 질문에서 뉴턴의 운동 법칙
중 '관성의 법칙'이 나왔어. 외부에서 힘이 작용하지 않는 한, 물체는
현재의 운동 상태를 유지하려 한다는 것. 그렇게 당연해 보이는 현
상 속에서 '당연하지 않은 이유'를 찾는 일. 그게 바로 물리학이야.

탐정이 작은 단서 하나에도 의미를 찾듯, 물리학도 그래. 비가
올 때 유리창에 맺힌 물방울 자국, 비가 개인 후 하늘을 가로지르는
무지개의 색 순서까지, 이 모든 것이 자연이 남긴 흔적이라고 생각
해 보자. 물리학의 재미는 그 흔적들을 읽고 해석해 가는 과정이야.

물리학자들은 자연 현상의 관찰을 통해서 패턴을 읽어내고,
반복되는 패턴에서 법칙을 찾고, 법칙 속에서 이론을 만들어 내지.
그렇게 단서를 모아 모아서 사건을 재구성하는 탐정의 일과 너무나
도 닮은꼴이야.

소설에서 보면, 탐정이 단서를 모아 사건을 머릿속에서 되돌
려 보잖아. 물리학자도 똑같아. "만약 이 조건이라면 물체는 어떻게
움직일까?", "이 빛은 어떤 각도로 움직일까?"라는 가정을 세우고,
실험을 수없이 반복해.

실험은 현실 속에서, 이론은 머릿속에서 일어나는 추리야. 이

둘 중 어느 하나라도 충족되지 않으면 사건은 풀리지 않아. 그러니까 물리는 단지 법칙을 외우는 것이 아니라 탐정처럼 추리력과 상상력을 훈련하는 일이라고 할 수 있어.

🎙️ 물리학자로 가장 기억에 남는 순간은 언제였나요?

모든 과학자에겐 '처음 보는 순간'이 있어.

수백 번의 실패 끝에 세상이 보여 주는 작고 희미한 신호. 그걸 처음 알아본 사람만이 느낄 수 있는 찬란한 떨림이 있지. 나에게는, 박사 학위의 주요 연구 주제이기도 했던 '블루 다이아몬드'로 그 순간이 찾아 왔어.

보통 다이아몬드라고 하면 맑고 투명한 보석을 떠올리잖아. 그런데 내가 연구한 다이아몬드는 특별했어. 파란빛을 띠고 있었거든.

왜 파랗게 보일까? 그건 탄소 안에 아주 적은 양의 불순물이 함유되어 있기 때문이었어. 다이아몬드는 단단한 탄소 하나로 이루어진 광물이야. 그런데 소량의 붕소가 들어가면서 많은 게 달라져. 색깔만 변하는 게 아니라, 절연체인 다이아몬드가 전기가 통하는 반도체로 바뀌는 거야.

당시에 학계와 산업계는 새로운 반도체 응용에 관심이 많았어. 다이아몬드처럼 단단해서 높은 온도에서도 손상 없이 작동할 수 있는 반도체는 관심의 대상이었지.

나는 분광학(빛을 비추고 되돌아온 신호로 물질의 속성을 알아내는 방법)으로 전자 에너지 준위(원자·분자가 가질 수 있는 불연속적인 에너지 상태)를 측정했어. 다이아몬드에 대한 분광학 실험에는 라만 분광학이라는 측정 기술이 사용되었지. 이 방법은 물질에 레이저를 쏜 뒤 산란한 빛의 파장 차이를 측정하는 기술이야. 그 차이는 눈으로 확인할 수 없고 반드시 실험을 통해서 측정할 수 있는데, 원래의 레이저 빛과 산란한 빛의 파장 차이를 측정한 결과 중요한 정보를 발견하게 되었단다.

분광학 장비에 작은 다이아몬드 시료를 올리고 레이저를 쏘며, 되돌아오는 빛을 관찰했어. 눈으로 볼 수 없는 미세한 파장의 차이를 찾아내기 위해 하루이틀, 때로는 여러 날을 깨어 있어야 했어. 그 작업은 인내의 연속이었지. 스펙트럼 그래프 위에 작은 신호 하나라도 잡히면, 그게 진짜 의미 있는 것인지, 아니면 단순한 잡음인지 확인하기 위해 수십 번을 반복 측정해야 했어.

그러던 어느 날 밤, 의외의 영역에서 아주 미세한 신호를 하나 발견했어. 이전까지 많은 연구자들이 시도했지만, 신호를 발견하기 어려웠던 실험이야. 당시 지도 교수님도 30년 넘게 해결하지 못한 문제였지.

그런데 그 신호가 잡힌 거야. 순간, 심장이 쿵 하고 뛰었어.

처음엔 오류일지도 모른다고 생각했지. 장비를 다시 조정하고, 온도를 바꾸고, 레이저의 세기와 각도를 바꿔가며 여러 번 실험을 반복했어. 기술적으로 어려운 부분이 많아서 측정해 보지 않던 영역이었는데, 실험 조건을 잘 조정해서 문제를 해결한 다음 다시 측정해 보니 선명한 신호를 발견할 수 있었어. 그 신호는 잡음이 아니라, 자연이 보내준 진짜 신호였던 거야.

그건 '붕소 불순물이 만든 전자의 에너지 준위의 바닥 상태'를 보여 주는 표시였어. 불순물은 쓸모없는 것이 아니라, 반도체에서 필수적인 '받개acceptor'로 아주 중요한 역할을 하고, 이 아주 작은 요소가 다이아몬드의 색과 전도성, 모든 성질을 바꾼다는 사실!

그때의 떨림은 지금도 생생해. 실험 데이터를 반복해서 측정하고, 같은 결과가 재현되는 걸 확인하면서, 떨림은 벅차오르는 기쁨으로 바뀌었어. 아무도 발견하지 못한 신호를 내가 세상에서 가장 먼저 발견한 거잖아. 과학자 인생에서 '첫 발견의 순간'이었으니 정말 큰 감동이었지.

노벨상을 받을 정도의 큰 발견도 아니고, 작고 보잘것없는 발견일지 몰라. 그래도 붕소 불순물이 만들어 낸 바닥 상태ground state(에너지가 가장 낮은 상태)에서 발견한 작은 신호 하나로 전자 구조의 해석이 달라질 수 있고, 앞으로 반도체 활용을 위한 다이아몬드 연구의 전체적인 그림이 다시 그려질 수 있다는 사실이 너무 인상 깊은 순간이었지.

어린 시절, 처음 과학실험실에서 발생시켰던 수소와 산소를 보았을 때, 처음 회로를 구성하여 전구를 켰을 때의 설렘과 같았어.

그때의 감동은 내가 과학자로서 연구를 계속할 수 있는 밑거름이 되어 주었어. 그 감동의 순간을 학생들도 맛보기를 바라는 마음으로 함께 연구하고 노력하고 있단다.

🎙 연구 내용을
좀 더 소개해 주세요.　　　박사 과정을 마친 뒤에는 박사후 연구원postdoctoral researcher 또는 postdoc 과정을 거치게 돼. 전공 분야를 더 깊이 탐구하는 과정인데 연구소의 정식 연구원이 되거나 대학교에서 교수로 일해. 박사 학위 때와 비슷한 연구를 할 수도 있지만 새로운 연구 분야에 도전하기도 하지.

난 새로운 분야에 도전해 보고 싶어서 미국 시카고에 있는 아르곤 국립 연구소에서 연구를 시작했어. X-선 연구는 같은 물리학이지만, 그동안 해 온 것과는 좀 다른 분야의 연구였어.

당시에 아르곤 국립 연구소에는 새로 생긴 '방사광가속기'가 있었어. 박사 과정 중에는 학교 연구실의 보유 장비를 이용해서 언제든 실험할 수 있었는데 방사광가속기를 이용한 연구는 그럴 수 없었어. 방사광가속기는 엄청나게 거대한 원형 구조물이거든. 기계 수준이 아니라 매우 큰 건축물이라고 생각하면 돼. 미리 실험 계획서를 제출하고 빔타임Beam time(장치 가동 시간)을 받아야만 사용할 수 있지. 아르곤 국립 연구소에서 X-선 방사광가속기 측정 기술로 연구 영역을 확장하며 새로운 실험과 연구에 도전하게 됐는데 그때의

결정은 과학자로서의 인생에서 또 하나의 중요한 전환점이 되었던
거야.

🎙 방사광가속기가

무엇인가요?　　X-선을 얻기 위해서는 방사광가속기라는 거대
한 장치가 필요해. 방사광가속기는 전자를 빛의 속도에 가깝게 가
속한 뒤, 강한 자기장으로 전자의 움직임을 휘게 만들어. 이때 전
자의 방향이 바뀌면서 강력한 빛을 발생시키는 장치야. 내부에 '전
자 경주로'가 있는 거대한 원형 구조물이지. 전자들은 이 경주로를
초고속으로 돌면서 특정 지점(빔라인)에서 강력한 빛을 방출해. 이
런 원리로 발생하는 방사광은 눈에 보이는 가시광선뿐 아니라 자
외선, X-선처럼 우리 눈에 보이지 않는 빛도 포함하고 있지. 이 빛
은 우리가 흔히 쓰는 전등이나 레이저보다 훨씬 강하고, 파장 범위
도 넓어서 밝기, 색, 직진성 같은 특성을 정밀하게 조절할 수 있어.

특히 X-선은 파장이 짧고, 물질을 투과하는 특성이 커. 즉 물
질의 내부 구조를 관찰할 수 있어서 물질이 변화하는 과정의 미세한
정보를 다 얻을 수 있어. 공항 보안 검색대의 X-선 스캔을 떠올리
면 이해하기 쉬울 거야. 가방을 열지 않고도 내부에 어떤 물건이 있
는지 들여다볼 수 있는 것처럼 관찰하는 대상을 파괴하지 않고도 살
펴볼 수 있지. 병원에서 엑스레이로 몸 안을 찍는 X-선도 같은 원리
야. X-선을 발견한 공로로 뢴트겐은 노벨상을 받았어.

방사광가속기를 통해 얻은 X-선은 뢴트겐이 음극관에서 얻은 X-선의 세기에 비해 10^{22}배가 커. 10의 22제곱이 얼마나 큰 수인지 상상하기 힘들지? 전등 불빛보다 수백만 배나 밝다고 생각하면 돼. 일반적인 X-선보다 훨씬 더 밝고 깊게 연구할 수 있는 방사광가속기 X-선으로 단백질, 반도체, 금속, 암석 등의 구조나 성질을 분석할 수 있어. 그렇게 얻은 정보는 신약 개발, 반도체 생산, 배터리 성능 개선, 환경 오염 분석 등 수많은 분야에 쓰이고 있어.

"빛으로 세상을 볼 수 있다면 빛으로 시간도 볼 수 있지 않을까?" 물리학자들의 상상이 현실이 된 건 바로 X-선 자유전자레이저 XFEL 덕분이야.

2009년 SLAC Stanford Linear Accelerator Center(미국 스탠퍼드 대학교 선형 가속장치 센터)에서 처음 가동되었고, 현재는 전 세계에 5개의 시설이 경 X-선 영역 Hard X-ray에서 운영되고 있어. 미국, 일본, 한국, 유럽 연합, 스위스에 건설되었고, 우리나라는 2016년에 포항가속기연구소에 XFEL 시설을 갖추었지.

나는 국제적인 공동연구 팀을 구성해서 스탠퍼드 대학교에서 처음 가동을 시작했을 때 연구할 기회를 얻었어. 예전에는 관찰하기 어려워서 실험의 시작과 끝만 보던 연구를 이제 XFEL을 이용하여 초기의 아주 빠른 변화를 실시간으로 직접 관찰할 수 있어. 영화의 첫 장면과 마지막 장면만 보다가 전체를 다 볼 수 있게 된 것과 같다면 이해할 수 있겠지?

XFEL 시설을 이용하여 내가 하고 있는 연구는 물질의 상변이 현상phase transformation이야. 물질에 자극을 주고 어떻게 변화하는지 짧은 X-선 펄스를 이용하여 측정해. 초고속 현상을 측정하기 위해 두 개의 짧은 레이저 펄스(펌프와 프로브)를 사용하는 광학 기술인데 아주 빠른 펨토초(10^{-15} 또는 1,000조분의 1초)의 순간까지 포착할 수 있어. 이런 초고속 구조 변화는 새로운 소재를 개발하는 데 결정적인 힌트를 주기도 해. 이 연구는 단지 '신기한 영상'을 찍기 위한 것이 아니라, 물리적인 법칙을 더 정확하게 이해하고, 나노 소재나 바이오 기술 등 다른 분야에도 응용될 수 있는 중요한 지식을 제공해. 정말 신기하지 않니?

🎙️ 물리학자가 되는 과정에

어려운 점은 없었나요?　한 줄의 논문 아래에는 숨겨진 백 번의 좌절이 쌓여 있어.

수많은 논문과 위대한 발견 뒤에는 보이지 않는 실패의 흔적들이 있고, 그 실패들이 없었다면 이 세상엔 지금의 과학도 없었을 거야.

박사 과정을 시작한 지 얼마 되지 않았을 때, 야심 차게 연구를 준비하고 있었어. 매우 복잡한 시료 제작과 준비 과정을 거친 다층 박막 시료였어. 다층 박막 구조의 복잡한 시료를 스스로 설계하여 새로운 결과가 나오리라는 기대감으로 가득 차 있었지. 우주복 같은 느낌의 방염복을 입고 '클린룸'(외부의 오염이 침범할 수 없는 특별한 실

험실)에서 섬세하고 어려운 작업을
하며 노력을 기울였어.

마침내 실험데이터를 얻
었을 때의 기쁨이란 이루 말할
수 없었지. 기대했던 결과가 보여
서 지도 교수님과 함께 기뻐하고 있었
는데 우연히 본 해외 논문에 내 연구의 핵심 아이디어와 같은 내용
이 실려 있었어. 데이터의 정확성이 내가 얻었던 결과보다 훨씬 나
빴지만, 나와 거의 같은 접근법이었지.

논문을 포기하며 그동안의 수고와 노력이 물거품이 되는 절망
감을 느꼈어. '내가 너무 늦은 걸까?', '이제 뭘 해야 하지?'라는 생각
에 며칠 동안 아무것도 손에 잡히지 않았지.

하지만 시간이 지나자, 조금씩 달리 보이기 시작했어. '내 생각
이 틀린 게 아니라 누군가 나와 같은 생각을 했다'라는 것. 그것은
실패가 아니라 오히려 내가 올바른 방향에 서 있었다는 증거라는
걸 깨달았지.

그 깨달음은 다시 나를 일으켜 주었어. 결국 앞서 얘기한 블루
다이아몬드 실험으로 이어졌고 거기서 아무도 발견하지 못했던 것
을 처음 발견하게 되었지.

실패는 누구에게나 찾아온다고 생각해. 실패를 어떻게 받아들
이는지가 중요하지.

실패는 길의 끝이 아니라, 다른 길을 열어 주는 문이야. 실험이

예상대로 나오지 않으면 "이건 그냥 잘못된 데이터야."라고 버리기 쉽지만, 가끔은 그 '잘못된 데이터'가 진짜 새로운 발견의 시작인 경우도 있어.

물리학의 역사에는 이런 사례가 많아. X-선을 발견한 뢴트겐도 전자기파를 측정하다가 예기치 않게 나타난 빛의 흔적으로 봤지. 그걸 실패라고 무시했다면 오늘날 우리는 엑스레이 사진을 볼 수 없었을 거야.

나 또한 많은 실험과 연구를 하며 수없이 많은 실패를 겪었어. 하지만 그 경험을 통해 발전하는 연구자가 된 거라고 생각해. 실패를 통해 더 많은 생각을 하고, 새로운 아이디어를 얻기도 하고, 생각지 못한 기회를 얻기도 했어.

너도 여러 경험과 실패를 두려워하지 말고, 그것을 통해 성장하는 법을 배우길 바라.

🎙️ 물리학에는
어떤 분야가 있나요?

물리학은 여러 분야가 있어. 세상에서 가장 작은 기본 알갱이들을 연구하고, 그것들이 어떤 규칙으로 서로 영향을 주고받는지를 밝히는 입자 물리, 다양한 물질의 성질이 어떻게 생겨나는지를 연구하는 응집 물질 물리(고체 물리), 빛이 어떻게 움직이고 굴절하거나 반사되는지를 탐구하는 광학 물리, 수많은 작은 입자들이 모여 압력이나 온도 같은 영향에 따른 법칙을 만들어 내는 과정을 설명하는 통계 물리, 단백질이 움직이는 방식이나 세포 속 신호 전달처럼 생명체 안에서 일어나는 현상을 물리학의 시선으로 해석하는 생물 물리 등이지. 각각의 분야에서 연구할 때, 연구자는 연구 주제와 관련된 장비를 실험실에 갖추고 연구를 진행하게 돼.

생각해 보면, 지금 우리 주변의 거의 모든 기술은 물리학에서 시작된 거야.

"빛의 성질은 무엇일까?"

"전자 하나를 조종할 수 있을까?"

"에너지를 낭비하지 않고 전달할 방법은 없을까?"

이런 질문들로부터 산업, 예술, 의학, 환경 기술까지 모든 혁신이 생겨났어.

전자 이동의 원리를 연구하는 응집 물리학에서 출발한 것이 바로 반도체와 디스플레이 기술이야. 전자기파와 핵자기 공명이론에서 시작해서 가능해진 것이 의료 분야에서 쓰이는 MRI와 여러 첨단 의료 영상 장비이고, 양자 물리와 상대성 이론 등을 응용해서 발전시킨 것이 스마트폰의 센서와 GPS, 양자컴퓨터야. 마지막으로 물질의 전자 구조를 이해하는 물리학의 핵심인 분야에서 발전된 것이 태양전지, 배터리, 친환경에너지 분야지.

물리학에서 다루는 작은 연산, 파동, 빛에 대한 이해가 모여서 현대 사회의 미래 산업을 구축해 왔다고 할 수 있어.

🎙️ 물리학을 전공하면
어떤 길이 열리나요?
물리를 전공한다고 하면, 사람들은 종종 이렇게 묻곤 해.

"그럼, 나중에 뭐가 돼요? 교수요?"

물리학을 공부한 사람들은 대부분 학계에 남아서 대학에서 교수로 또는 국가의 연구소와 기업체의 연구소에서 일해. 증권가에서 데이터 분석자로 주가 동향을 예측하거나, 인터넷 포털 기업에서 새로운 아이디어로 시스템을 만드는 등의 전혀 다른 분야에서 일하기도 하지.

물리 전공자들은 복잡한 문제를 체계적으로 해결하는 능력을 인정받아서 다양한 분야에서 환영받고 있어. 국가의 전략 기술 분야에서 일하기도 하고, 기업에서 신제품의 원천 기술을 연구하기도 해. 반도체와 디스플레이 분야, 수소 에너지나 친환경 소재와 같은 새로운 기술 분야에서도 물리 전공자의 역할이 커지고 있어. 금융이나 컨설팅 분야에서도 물리학 전공자들이 데이터를 다루는 능력과 분석적인 사고를 발휘하고, 인공지능 접목과 관련한 AI 관련업계에도 진출하고 있단다.

어떤 분야에서 일하는지 보기 편하게 정리해 볼게.

- 국가 연구소와 대학: 새로운 물질, 나노 구조, 우주 등을 연구
- 첨단 산업 분야: 반도체, 인공지능, 양자 컴퓨팅 기술의 핵심 인력으로 국내외 일류 기업에서 활약
- 금융 분야: 복잡한 시스템을 수학적으로 모델링하고 데이터를

분석

- 과학 커뮤니케이션과 교육: 과학
  을 쉬운 언어로 전달하는 전문
  가로 활동

- 기술 혁신과 스타트업: 새로운 현상
  을 아이디어로, 아이디어를 기술로 확장

물리를 깊이 공부하다 보면, 하나의 독립된 학문이 아니라 세상 전체를 잇는 다리라는 걸 깨닫게 돼. 의학은 생명 현상의 물리로, 환경과 기후는 대기의 물리로, 예술과 음악조차 파동의 물리로 설명할 수 있어. 세상이 하나로 연결된 것을 이해하고 확인하는 눈을 얻는다고 할 수 있지.

물리를 배운다는 건 결국 '복잡한 세상을 다루는 사고력'을 익히는 일이야. 그 기술은 어떤 길로 가더라도 자신을 돕는 도구가 될 거라고 생각해.

🎙️ 물리학자로서

어떨 때 보람과 기쁨을 느끼나요?　　물리학자로서 가장 큰 보람을 느낄 때는, 궁금했던 문제를 관찰과 실험을 통해 발견할 때야. 기존에 있던 이론을 입증하는 것도 의미 있지만, 다른 사람이 보지 못한 세상을 내가 처음 발견하는 순간의 짜릿함은 말로 표현하기 어려울 정도로 엄청나. 그 결과물을 논문으로 정리하고 발표해서 전문가들에게 인정받거나 다른 연구자들에게 도움이 될 때, 내가 세상에 작은 이바지를 했다는 뿌듯함을 느낄 수 있거든.

교육자로서의 보람과 기쁨도 아주 커. 나는 모교인 서강대학교에서 교수로 일하며 연구와 교육을 병행하고 있어. 연구소에서 박사 후 연구원으로 일할 때는 박사 학위를 받은 전문가들과 협업하는 과정이고, 대학에서 교수로 연구하는 것은 학생들이 전문가로 성장하도록 도와주고 교육하는 과정이지.

처음 교수를 시작했을 당시엔 학생들에게 무엇을 어떻게 가르쳐야 할지 막막하기만 했어. 하지만 시간이 지나면서 학생들이 어려운 개념을 이해하고, 스스로 문제를 해결해 나갈 때마다 큰 보람을 느꼈지. 학생들이 진정한 물리학자로 성장하며 진로를 찾도록 돕는 데 큰 기쁨을 느껴.

🎙️ 물리를 공부하려는 미래 과학자에게

마지막으로 한말씀 부탁드립니다. 나도 처음에는 진로에 대해 고민이 많았어. "예술은 길고 인생은 짧다"라는 명언을 떠올리면서 예술가의 삶을 상상해 보기도 했고, 의사나 법률가가 되어 다른 사람을 돕는 일을 해 보고 싶다고 생각한 적도 있었어.

어떤 일이 나에게 맞는 길인지 확신이 서지 않고, 여러 가지 가능성 사이에서 고민하던 시간이 길어졌지. 그러다가 물리에 흥미를 느끼게 되었고, 그 흥미는 관심으로 이어져 자연스럽게 과학자의 길로 이어졌어. 자연의 신비를 탐구하고, 눈에 보이는 현상 뒤에 숨어 있는 원리를 이해하며, 아직 알려지지 않은 현상을 하나씩 밝혀 나가는 과학자의 일은 나에게 꾸준한 설렘을 주었어. 특히, 물리는 나에게 세상을 바라보는 시선을 바꾸어 주는 학문이었어. 당연하다고 여겼던 현상들 앞에서 "왜 그럴까?"라는 질문을 던지기 시작하면서, 세상은 훨씬 더 깊고 흥미로운 모습으로 다가왔지.

내 연구 결과가 크든 작든 다른 연구자나 사회에 도움이 될 때, 연구자로서 큰 보람을 느끼는 이유도 바로 여기에 있어. 지금 돌이켜 생각해 보면, 당시에는 두렵기도 하고 막연하기도 하고 막막했던 시간이었지만, 그 고민의 시간들 또한 내가 물리학자로서, 이 길로 오기 위한 중요한 과정이었다고 생각해. 그런 의미에서 내가 흥미를 느끼는 일을 찾아보는 것은 정말 중요하단다. 물론, 요즘 학생들에게 그런 시간조차 사치로 느껴질 수 있지만, 내가 평생 동안 해야 하는 일을 찾는 것의 시작이니 소홀히 하면 안 되지 않을까.

물리를 선택하게 된다면, 그 길을 먼저 간 선배로서 전해주고 싶은 말이 있어. 내가 물리를 공부하면서 늘 쉽지만은 않았고, 수업 시간에 배운 내용이 곧바로 머릿속에 들어오지 않아 답답함을 느꼈던 순간도 있었지. '수학적인 서술'이 이해가 되지 않아 스스로에게 "물리가 내게 잘 맞는 걸까?"라는 질문을 던진 날도 적지 않았어. 시간이 지나 돌이켜보면, 그 어렵고 잘 풀리지 않았던 문제를 고민했던 시간들이 '물리'라는 학문을 진짜로 만나고 있던 과정이었어.

물리는 빠르게 답을 찾는 사람보다는 '이해되지 않는 질문' 앞에 오래 머물 수 있는 사람에게 조금씩 길을 열어 준다고 생각해. 공부를 하다 보면 계산이 막히고 스스로 부족하다고 느끼는 순간이 반드시 찾아온단다. 그런 순간들은 실패라기보다 '새로운 생각이 필요하다'는 신호일 수 있어. 연구에 있어서 '실패'는 피해야 할 대상이 아니라 다음 질문으로 나아가기 위한 중요한 단서가 되지. 어디를 더 살펴봐야 하는지 알려 주는 하나의 실마리, 하나의 데이터가 되는 거야.

나도 겪었었고, 지금도 학생들을 가르치다 보면, 많은 학생들이 다른 사람들과 자신을 비교하며 불안해하는 게 보여. 각자 이해하는 시간과 방법이 모두 다르고, 누군가는 정해진 문제를 빠르게 푸는 데 익숙하고, 누군가는 문제 자체를 다시 정의하는 데 더 많은 시간을 쓴단다. 그 차이는 우열을 가리는 것이 아니라 다양성에 가깝다고 생각해. 남들보다 느린 것처럼 느껴질 때도 있겠지만, 그 시간 동안 자신만의 질문을 차곡차곡 쌓아가고 있다면 결코 헛된 시간이 아니야. 물리는 결국 오래 생각한 사람의 손을 잡아 주는, 속도의 학문이 아니라 깊이의 학문이거든.

과학은 계속 복잡하고 정교하게 발전하고 있어. 그래서 지속적인 학습과 다른 연구자들과의 소통이 반드시 필요해. 새로운 기술과 이론을 배우고 아이디어를 공유하고 보완하며 성과를 이룰 수 있어.

이와 함께 꼭 해주고 싶은 말은, 연구 결

과를 다른 사람에게 전달하는 능력 또한 매우 중요하다는 거야. 학회나 세미나에서 연구 내용을 쉽게 설명하고, 자신의 생각을 명확하게 표현하는 일은 연구를 지속해 나가는 데 큰 도움이 된단다. 나역시 이 과정을 통해 많은 것을 배웠어. 물리를 잘 안다는 것은 혼자 이해하는 데서 끝나는 것이 아니라, 다른 사람과 생각을 나누고 질문을 주고받을 수 있다는 뜻이기도 해.

"왜 그럴까?"라는 질문을 끝까지 붙잡고 그 질문을 다른 사람과 나눌 수 있다면, 그 물음은 결국 너를 너만의 물리학으로 이끌어 줄 것이라고 믿어.

네가 배우는 것들을
'이건 세상을 어떻게 이해하게 해줄까?'
라는 질문으로 바라볼 수 있으면 좋겠어.

김현진 | 서울대학교 항공우주공학과 교수

한국공학한림원 정회원

ICRA 국제로봇학회 로봇학습부문 편집인

🎙 엄마는

왜 일만 해요?　　"엄마는 왜 일만 해요?"

여느 날처럼, 거실 큰 테이블에 앉아 노트북을 들여다보던 나는 깜짝 놀라 고개를 들었어. 말소리가 난 쪽엔 너 혼자 앉아 있었지. 두 돌이 지나도록 "엄마, 빠빠, 맘마" 같은 간단한 말만 하던 너라서 잘못 들은 건가 싶었어. 언어 발달이 조금 느린 건가 싶어 살짝 걱정하고 있었거든.

"뭐라고?"

"엄마는 왜 일만 해요?"

망치로 맞은 듯 멍했어. 네가 태어난 뒤에는 야근을 줄였고, 저녁 식사를 동반한 회의는 참석하지 않은데다 출장 또한 줄였거든. 네가 잠드는 시간에는 함께 누워 있으려고 애를 썼는데도, 너에게는 '일만 하는 엄마'로 보였구나 싶어서.

사실 엄마는 비교적 어린 나이에 교수가 되었거든. 다른 사람들 보기에는 과학고, 공대, 대학원 유학, 교수가 되어 귀국한 내가, 공대 교수가 되려는 신념을 지킨 사람처럼 보였을지 몰라. 하지만 나는 만 서른도 되지 않은 '어른이'였어. 다른 교수님들에 비해 나이가 어리다 보니 학생들하고 나이 차이가 크지 않았지. 그래서 더 어른인 척, 전문가인 척 노력했어. 하나라도 더 가르치고 싶은 마음에, 원래도 빠른 말투가 강의할 때는 더 빨라져서 학생들을 안드로메다로 보내기도 했지. 연구실 학생들을 지도하며 관심과 간섭 사이의 경계가 어디인지 고민하기도 했어. 무엇보다 "여교수를 뽑아서 후회한다"라는 평가는 정말 듣고 싶지 않았어.

그렇다 보니 일찍 퇴근하고 집에 가서도 강의 준비, 논문 교정, 이메일을 놓지 못했어. '교수라면 하나라도 더 알아야 한다', '틀리면 안 된다'라는 부담감이 컸지. 내 이름이 들어간 논문은 한 글자 한 글자 정확히 검토해야 한다는 의무감도 컸어. 사실 세계 어디에서 뭘 해도 잘할 것 같은 똑똑한 학생들이 내 연구실에 와 줘서 고마움도 컸고, 그 학생들에게 최고의 교수는 못 되더라도 함께 노력하는 교수는 되고 싶었어.

그러니 네가 말이 늦은 게 내 탓인 것 같았지. 집에 일찍 와서도 너랑 놀기보다는 내 일에 시간을 썼기 때문인가 하는 마음에 자책도 많이 했어.

그때로부터 어느새 10여 년이 흘렀고, 너도 여러 갈래의 길 앞에서 네 진로를 고민할 나이가 됐구나. 네가 어떤 선택을 하든 엄마는 응원할 거야. 사실 엄마도 여전히 선택 앞에서는 흔들리며 고민하고 있어. 엄마가 그랬던 것처럼 너도 네 선택을 믿을 힘을 가지길 바라고 있어.

오늘은 엄마가 선택의 갈림길에서 어떤 문을 열 것인가 고민했던 이야기를 너와 나누고 싶어.

과학자는 태어나는 건가요? 만들어지는 건가요?

많은 사람이 과학자는 특별한 재능이나 유전자를 타고난 존재라고 생각해. 타고난 수학 천재나 뚝딱하고 새로운 것을 발명해 낼 수 있는 사람들만 과학자가 된다고 믿는 것 같아. 하지만 30년 가까이 이 길을 걸으며 느낀 것은 전혀 달랐어.

엄마는 중학교 3학년 봄까지만 해도 이공계에 관심이 없었어. 사교육도 없던 시절이라 학교와 집만 오가는 얌전한 학생이었지. 집에 오면 뒹굴뒹굴 책을 읽었을 뿐, 라디오를 조립한다거나 실험해보는 취미도 없었어. 과학고등학교가 있다는 것도 3학년이 돼서 처음 알았는 걸. 주변에 그런 학교가 있는 걸 아는 친구도 거의 없었지. 그런데 과학고등학교는 기숙사가 있다는 거야. 워낙 덜렁거리는 성격이라 도시락이나 준비물을 잊을 때도 많아서 기숙사에 살면 그럴 일도 없고 재밌겠더라. 그래서 그냥 지원해 보기로 했어. 떨어지면 어쩔 수 없다는 생각으로 마음을 비우고 시험을 봤는데 덜컥 붙어 버렸지 뭐야.

부모님은 어린 딸을 다른 도시에 있는 기숙학교로 보내는 걸 반대하셨어. 퀴리 부인 위인전을 제일 감명 깊게 읽었고, 로켓 공학의 아버지 폰 브라운의 이야기로 독후감을 썼다는 말도 안 되는 근거로 부모님을 설득했지. 그렇게 아무 목표 없이 과학고등학교에 진학하게 된 거야.

과학고에 갔더니 역시 대단하더라. 중학교 때 배운 적도 없는 방정식 하나를 풀려고 며칠씩 고민하는 아이도 있고, 밤에 몰래 실험실에 들어가서 과학 실험을 하는 아이도 있고, 당시에 자동차 한 대 값이었던 컴퓨터를 갖고 있는 아이도 있고, 눈 깜짝할 사이에 복잡한 프로그래밍을 끝내던 아이도 있었지.

특별한 관심이나 재능이 나에게 있을 리 없었어. 그냥 친구가 풀 수 있는 문제를 내가 풀지 못하는 게 싫었고, 어떻게 하면 더 효율적으로 빨리 배워서 공부를 잘할 수 있을지 궁금했을 뿐. 그런데 시간이 지나면서 어제 몰랐던 것을 오늘은 알게 되는 일이 많아졌어. 그리고 정답을 찾아가는 과정이 주는 기쁨을 알게 되었지.

그런데 연구자로 경력이 쌓일수록 그런 즐거움을 느낄 일이

많지 않더라. 시간이 지나면서 다
른 학자들이 축적해 놓은 지식
이 많아지고, 그 위에 새로운 아
이디어를 쌓기가 점점 더 어려웠
어. 수학적 가설을 증명하려고 며칠을

노력해도 결국 풀지 못하기도 하고, 실험 10번 중 9번은 실패하기도
했지. 특히 로봇 공학처럼 빨리 변하는 분야에서는, 아무리 열심히
해도, 비슷한 분야를 연구하는 전 세계 연구자들의 새로운 논문이
끝없이 나오니까 따라가기도 숨이 가빴지.

그 과정을 견디고, 끝내 답을 찾으려는 의지 자체가 연구자로
서 성장하는 거더라. 과학자는 특별한 재능이나 유전자가 아니라,
끝까지 질문을 놓지 않는 마음과 반복을 견뎌내는 끈기로 만들어지
는 거라고 믿게 되었어.

🎙️ 어쩌다

로봇공학자가 되었나요?

왜 로봇공학자가 되었냐고? '왜'가
아니라 "어쩌다…"가 맞는 답일 거야. 엄마는 외우는 과목보다는
원리를 이해하고 응용하여 답을 찾을 때가 더 만족스럽더라고. 그
래서 외우는 것이 별로 없는 학과를 선택하고 싶었어. 기계공학과
전자공학을 놓고 고민했는데 눈으로 직접 볼 수 없는 전자들의 움
직임보다는, 자동차나 비행기의 움직임이 더 재밌을 것 같아서 기

계항공공학 분야를 택했지. 자동차나 비행기 부품을 설계하고 조립하는 학문이 아니라, 힘과 운동, 에너지의 변화 같은 물리적인 현상을 수학적 모델로 설명하는 분야였어. "그게 말이 돼?"라고 질문하기 좋아하는 엄마한테 잘 맞는 분야 같았거든.

특히 제어공학이 매력적이었어. 제어공학은 사람이 일일이 시스템을 조종하지 않아도, 그 시스템이 원하는 목표에 맞추어 스스로 적절히 동작하도록 연구하는 학문이야. 에어컨의 냉방을 조절하고, 드론을 원하는 경로나 속도에 맞춰 비행할 수 있게 하고, 자율주행 자동차의 속도를 조절해서 앞차와의 안전거리를 유지하는 기술을 다뤄.

예를 들어서 로봇 팔을 제어한다면 각 관절의 길이에 따라 특징이 달라지니까 기하학적인 요소도 있고, 전자 회로와 모터를 사용하니까 전자기학이랑 전기 회로와도 관련이 있어. 비행기의 경우에는 위치와 속도 같은 정보의 관계 때문에 미적분학적인 요소도 있고, 중력을 거스르고 공기 저항을 견디며 비행해야 하니까 역학적인 요소도 중요하지. 공간상의 x, y, z 좌표를 함께 제어해야 하니까 행렬과 벡터 개념도 중요하고, GPSGlobal Positioning System 신호를 분석할 때 확률과 통계를 쓰기도 해. 기체에 새로운 기술을 적용하기 전에 컴퓨터 시뮬레이션으로 확인하려면 프로그래밍 능력도 발휘할 수 있겠지? 그냥 꼼꼼하게 코드를 짜는 것으로 끝나는 것이 아니라, 여러 부품을 연결하여 실험 시스템을 구축해야 하니까 전체를 보는 능력 또한 큰 힘이 되지. 이와 같이 다양한 시스템을 다뤄야 하니 여러 공식과 공학 이론이 필요해. 그렇지만 단순히 암기하기보다는 용도에 따라 왜 만들어졌는지 이해하게 된다면 외우지 않아도 자연스럽게 머리에 남겠지. 못을 박을 때는 망치를 쓰고, 나사를 박는 데는 드라이버를 쓰는 것처럼, 상황에 맞게 적용하다 보면 적합한 공식을 잘 기억하게 되는 거야.

이처럼 물리적 이해, 수학적 사고, 창의적 설계가 다 발휘될 수 있는 풍부한 분야라는 점이 제어공학의 매력이라 생각해.

제어공학에 관심이 생기니, 자연스럽게 비행기, 드론, 자동차, 건설 장비, 로봇 팔, 청소 로봇 등 겉보기엔 크기도 성능도 다른 시스템들이 비슷해 보이기 시작했어. 주변 상황을 감지하고, 판단해서, 동작을 취한다는 점에서 모두 넓은 의미의 로봇으로 볼 수 있더라. 사람이 개입하지 않아도 스스로 상황을 판단해서 임무에 맞게 적절히 작동하는 똑똑한 '자율 로봇'이 있으면, 사람이 위험하고 힘든 일을 덜 해도 되잖아? 일손을 구하기 힘든 고령화 사회에서 로봇이 반복적이고 고된 일을 하고, 사람은 더 창의적인 일을 하게 된다면 그 가치는 돈으로 환산할 수 없을 거야. 그래서 엄마는 로봇공학자가 되었어.

연구실에서 대학원생과 함께 로봇 팔로 부품을 반복적으로 옮기는 실험을 하고, 자동차나 드론이 장애물을 피해 빠르고 안전하게 주행하도록 알고리즘을 개발하고, 로봇이 실내에서 이동할 수 있도록 공간을 지도로 표현하기도 해. 이 모든 것이 엄마에게는 로봇이고, 이런 로봇을 더 똑똑하고 쓸모 있게 만드는 연구 활동이 자동 제어야.

자동 제어가

뭐예요?　　제어는 '원하는 목표에 맞게 스스로 조절하게 하는 기술'이야. 거기에 '자동'이 붙으면 원하는 동작을 자동으로 제어하는 기술이 되는 거지. 제어의 대상은 로봇이나 자동차, 기차, 배, 드론, 비행기, 로켓처럼 움직이는 기계 시스템일 수도 있고, 냉장고 같은 가전 시스템, 에어컨이나 난방기 같은 온도 제어 시스템,

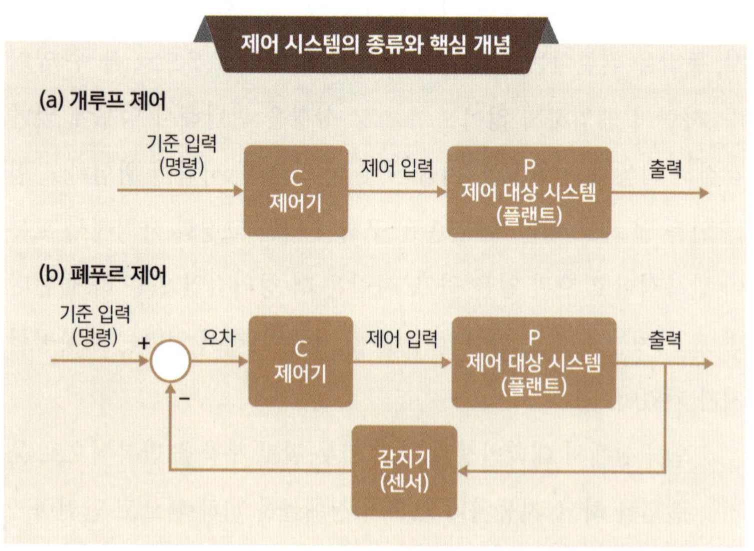

전압이나 전류를 제어해야 하는 전기 장치일 수도 있어. 물질의 비율을 정확하게 맞추어서 일정한 품질의 제품을 생산해야 하는 화학 공정에서도 자동 제어가 필요해. 자동 제어 기술이 초기에는 공장plant에서 많이 사용되었기 때문에 제어 대상이 되는 시스템을 '플랜트'라고 부르기도 하지.

그림 (a)를 예를 들어 에어컨 제어 시스템을 만든다고 해 볼게. 에어컨은 실내의 열을 흡수해서 외부로 배출하는데, 냉매가 압축과 팽창을 반복하게 되고, 이러한 냉매의 유량을 '제어 입력'으로 볼 수 있어. 사용자가 설정하는 온도가 '기준 입력'이 되고 '출력'은 지금 방의 실제 온도가 되는 거야.

열역학을 배우면, 냉매의 양과 압력에 따라 온도가 어떻게 바뀌는지, 즉 'P(플랜트)' 부분에 대해 알 수 있어. 이렇게 제어 대상 시스템을 알아내는 과정을 모델링이라고 표현해. 우리가 'P'에 대해 정확히 안다면, 그 반대, 즉 역함수에 해당하는 과정도 알 수 있겠지? 냉매를 어떻게 조절하면 온도가 바뀐다는 관계식을 알면, 반대로 내가 온도를 5도 낮추고 싶을 때 냉매를 어떻게 조절하면 되는지도 알 수 있는 거지. 그 역할을 하는 것이 바로 제어기controller야.

간단하게 설명하자면 제어기 C와 제어 대상 P를 곱한 것이 1이 되게 만들어주면, '출력' 값은 '기준 입력' 값과 같아지는 거지. 이렇게 실제 방의 온도가 내가 원하는 온도랑 같아지면, 에어컨 제어기의 역할이 달성되는 거야. 그게 그림 (a)에서 보여 주는 제어 시스템의 구조야.

그런데 만약 친구들 여러 명이 놀러 와서 사람들이 많아지면, 나 혼자 방에 있을 때와는 상황이 달라지겠지? 강아지가 내 방을 들락날락해서 문을 자꾸 여닫게 되어도, 방문이 계속 닫혀 있는 상황과는 다를 테고. 그럴 때는 처음에 P라고 생각했던 관계식이 달라지게 돼. 그러면 원래의 P에 대해 만들어진 C가 더 이상 좋은 성능을 낼 수가 없겠지. 그래서 좋은 성능을 내는 제어 시스템은 (a)보다는 (b)처럼 구성되어 있어. 방 온도를 감지해서 원하는 온도와 실제 온도의 차이를 계산할 수 있지. 그림 (b)의 동그라미가 기준 입력과 출력의 차이를 계산해서 오차를 알려 주는 부분인데 제어기가 그 오차를 0으로 만드는 역할을 하는 거야.

자동차의 속력을 일정하게 유지하는 크루즈 제어기cruise control를 만든다면, 그때의 기준 입력은 원하는 속력, 출력은 자동차의 실제 속력이 되고, 브레이크 같은 제동 장치에 주는 신호나 가속 페달처럼 엔진에 주는 명령을 제어 입력으로 볼 수 있어. 가속 페달을 밟으면 엔진으로 유입되는 밸브가 열려서 더 많은 공기가 들어가게 돼. 그리고 엔진 내부에서의 연소 반응이 촉진되어서 출력이 더 커지고 속력이 올라가게 되지. 페달을 밟을 때 자동차가 어떻게 가속되는지가 P에 해당하고, 그 관계식의 역 관계, 즉 '자동차를 가속하려면 페달을 이렇게 밟아야겠군' 하는 것이 C에 해당하겠지.

위에서 말한 에어컨 예제처럼, P를 정확하게 알 수 있으면 그 반대 과정인 C도 쉽게 설계할 수 있어. 그러면 (a) 구조가 완성되겠지. 그런데 비가 내려서 미끄러운 도로와 마른 도로의 특성이 다르고, 오르막길과 내리막길에서의 특성이 다르다 보니 자동차의 실제 속력을 측정하는 거야. 사용자가 원한 속력과의 차이, 즉 오차를 계산하고, 그 오차를 줄이는 방식으로 제어 시스템을 구성해 주어야 다양한 도로 조건에서 안정적인 성능을 얻을 수 있어. 그게 바로 (b) 구조야.

(a)는 한자로 열릴 개(開) 자를 써서 개루프open-loop 제어 시스템이라고 하고, (b)는 닫힐 폐(閉) 자를 써서 폐루프closed-loop 제어 시스템이라고 부르기도 해. (b) 그림을 보면 출력값이 센서에 의해 측정되어서 다시 제어기의 입력에 보내지는데, 그걸 피드백feedback 이라고 하지. 목푯값과 실제 출력값을 비교하여 그 차이(오차)를 제어기로 보내고, 제어기는 이 오차를 줄이는 방향으로 제어 신호를 조정하여 시스템의 출력이 목푯값에 도달하도록 하는 거야. 출력 신호를 입력으로 되돌리는 피드백 경로가 존재함으로써, 출력과 목푯값의 차이를 자동으로 수정하여 정확성을 높이고 외부 환경의 변화나 내부 특성 변화에 대해 시스템 출력을 안정적으로 유지하는 능력이 생기게 되지.

이번엔 밤하늘을 별빛처럼 수놓는 드론 쇼에서 사용하는 드론을 살펴볼까? 회전 날개에 해당하는 프로펠러(로터)가 여러 개 달린 드론을 멀티로터multi-rotor 또는 멀티콥터multi-copter라고 부르고, 프로펠러 개수에 따라 쿼드콥터(4개), 헥사콥터(6개), 옥토콥터(8개) 등으로 불러. 각 로터에는 모터가 연결되어 있는데 이 모터들의 회전 속도를 조절하면 각 프로펠러가 내는 추진력이 달라지고, 여러 개의 모터들 중 어떤 모터를 얼마나 더 빨리 회전시키는지에 따라 드론이 기울어지거나 이동하는 방향, 속도 등을 바꾸고 전진, 후진, 상승, 회전 같은 움직임을 만들어 낼 수 있어.

드론 쇼를 하려면 각각 정해진 위치로 이동시켜야 하니까, 속도와 목표 위치로 이동하는 것이 기준 명령, 각각의 블레이드를 회전시키는 모터에 가해지는 전압이 제어 입력이 되겠지. 드론이 내 사진을 다양한 각도에서 찍게 하려면 내 주변을 원형 궤적으로 비행하라고 명령하면 되겠지? 드론에는 가속도를 측정해 주는 가속도계, 위성으로부터 신호를 받아서 위치를 측정해 주는 GPS 수신기 같은 여러 센서가 부착되어 있어서, 내가 원하는 속도나 위치로부터 얼마나 벗어나 있는지 오차를 알 수 있어. 그 오차들을 줄이는 쪽으로 제어기를 설계해 주면 돼. 그런 피드백 정보가 없다면, 바람이 불어서 드론이 조금 밀려가거나 배터리가 약해져서 속도가 느려지게 되는 경우 제어 성능이 떨어지는 거야.

자율 로봇에 대해

알려 주세요.　　　　자동 제어의 예로 자동차의 크루즈 컨트롤러가 있어. 목표 속도와 실제 속도를 비교하고 가속이나 감속을 조절하는 주행 기능이야. 하지만 그것만으로는 사고 없이, 목표 지점까지 안전하게 이동하기 어려워. 자동 제어는 자율 로봇에 필요한 기술이지만, 그것만으로는 스스로 인식하고 판단하고 행동하는 자율 로봇을 만들 수 없거든.

　자율주행 자동차는 비가 와
서 길이 미끄럽거나 눈이 쌓여
있다면 속도를 줄이고, 다른 차
선의 차들과의 안전거리를 확보하
며 주행해야 하며, 신호등이나 교통 표
지판을 잘 인식할 수 있어야 해. 또한 급가속이나 급감속을 피하고,
보행자 신호에서는 멈추며, 도로 교통 상황에 따라 주행 경로를 결
정하는 등 많은 기능이 가능해야 하지. 자율 로봇도 목표를 스스로
정하고, 불확실한 상황에서도 환경의 변화에 따라 판단을 바꾸는 능
력까지 갖춰야 해. 그리고 그걸 실제로 구현되게 도와주는 게 자동
제어지.

　드론을 원하는 속도로 자율 비행시킬 수 있다면 산골짜기에
물건이나 의약품을 배달해 주는 자율 드론 배송 시스템을 만들 수
도 있지 않을까?

　위치나 가속도를 측정해 주는 센서 외에도, 카메라나 라이다
LiDAR, 초음파 센서 등이 있어야 건물, 나무, 전봇대 같은 주변 장애
물을 감지하고 지형이나 지물을 인식할 수 있어. 목표 지점까지 가
장 안전하고 효율적인 경로를 선택하고, 마치 두뇌가 있듯 돌풍이
불거나 비가 오는 등 갑자기 날씨가 변하면 경로를 바꾸거나 임시
착륙을 결정하는 등 주변 상황을 잘 감지하고 판단하여 장애물도
피하면서 목표 지점에 착륙하는 것이 자율 로봇의 핵심이야.

즉 자동 제어는 자율 로봇의 근육과 신경 역할을 하고, 인공지능은 두뇌 역할을 한다고 할 수 있겠지. 그래서 자율 로봇은 인공지능과 정말 밀접해.

AIArtificial Intelligence(인공지능)는 말 그대로 '인간의 지능을 기계로 구현하는 것'을 말해. 사람이 하는 생각, 학습, 판단, 문제 해결 같은 과정을 컴퓨터가 흉내 내도록 만드는 모든 기술을 모두 포함하는 큰 개념이야. 많은 사람이 인공지능AI을 '컴퓨터가 똑똑해진 것'이라고 생각할 거야. 하지만 로봇의 관점에서 보면 달라. AI는 단순한 계산 능력을 넘어 세상을 이해하고, 스스로 판단하여 행동하게 만드는 힘이거든.

로봇은 인간이 시키는 대로만 움직이는 기계지. 사람이 원격 조종하는 드론, 정해진 경로만 반복해서 도는 청소 로봇처럼 말이야. 하지만 여기에 AI가 결합하면 이야기가 달라져. 자율 로봇은 스스로 눈(센서)을 통해 세상을 보고, 두뇌(알고리즘)로 상황을 판단하며, 몸(제어 장치)을 써서 원하는 행동을 해. 드론이 카메라와 라이다로 다른 드론이나 새, 전봇대를 인식하면, AI가 가장 안전한 경로를 계산한 뒤, 제어 장치가 가속과 제동을 조절할 수 있어. 정해진 명령을 반복하는 것이 아니라, 새로운 환경에서도 더 나은 선택을 할 수 있게 된 것은 엄청난 변화야.

로봇청소기가 처음 가는 집안의 구조와 가구 배치를 파악하고 스스로 경로를 짜는 것, 자율주행 자동차가 사용자의 취향과 주변 상황에 맞게 운전 모드를 조절하는 것처럼. 인공지능은 로봇이 세상을 인식하고 스스로 움직이며 목표를 달성할 수 있도록 자율성Autonomy을 만드는 거야.

어릴 때 엄마가 장난감을 사다 주면 처음에는 신기해 하지만 몇 번 갖고 놀다 보면 흥미를 잃었던 거 기억 나? 그런데 강아지는 달랐잖아. 처음에는 이름을 불러도 못 알아듣고, 똥오줌도 가리지 못하던 강아지가 점점 똑똑해졌지. 강아지를 반복적으로 훈련시키는 것처럼 로봇도 비슷한 상황을 반복 경험하면서 더 나은 판단을 내릴 수 있도록 학습하는 거야. 새로운 조건에서도 스스로 더 좋은 성능을 낸다면 로봇의 가치도 더욱 높아지겠지. 그런데 문제는, 사람을 모방하기가 어렵다는 점이야. 아무것도 모르는 갓난아기의 두뇌가 시간이 지나면서 어떻게 똑똑한 어른으로 성장하는지, 우리는 아직 잘 모르거든. 그래서 좀 더 구체적이고 실현 가능한 머신 러닝Machine Learning(기계의 성능을 향상하는 학습) 방법을 생각했지.

머신 러닝은 '기계가 스스로 데이터를 통해 배우는 것'에 초점을 두고 많은 양의 데이터를 보여 주면서 패턴을 학습시키는 방식이야. 고양이 사진과 강아지 사진을 수천 장 보여 주면, 머신 러닝 알고리즘은 고양이와 강아지를 구별하는 규칙을 스스로 찾아낸단다. 얼굴이 작고 둥글며, 큰 눈과 세로로 긴 동공, 주둥이가 짧고 납작하면 고양이인 거고, 주둥이가 길거나 돌출되어 있고 다리 뼈대가 굵다면 개라는 걸 구분하는 거야. 그중 가장 주목받는 방법이 딥 러닝 Deep Learning(머신 러닝의 한 분야로, 신경망의 다층 구조를 사용하여 복잡한 패턴을 학습하는 방법)이야. 인간의 뇌 구조에서 영감을 받은 인공신경 망Artificial Neural Network을 사용해 이미지를 인식하고, 인간이 보통 사용하는 자연어를 처리하고, 자율주행 같은 복잡한 문제를 해결하고 있어. 오늘날 우리가 흔히 접하는 AI 서비스 대부분이 사실은 딥 러닝 기반 머신 러닝 기술이라고 볼 수 있지. 딥 러닝은 목적에 따라 학습 방식도 활용 분야도 다양하단다.

대표적인 학습 방법을 구분해서 소개할게. 가장 기본적인 지도 학습부터 비지도 학습, 강화 학습, 모방 학습을 구분하여 그 차이를 이해해 주면 좋겠다.

● **지도 학습**Supervised Learning

감독관Supervisor이 정답label('라벨'이라고 부르기도 해)이 있는 채점지를 준다고 생각하면 이해하기 쉬울 거야. 정답이 붙은 데이터와 붙지 않은 데이터를 비교하면서 점점 더 정확한 구분을 할 수 있도록 훈련하는 학습 방식이지.

예를 들어 수천 장의 사진에 각각 '고양이' 또는 '개'라는 라벨이 붙어 있어. 사진을 입력 받으면 '이건 고양이다/개다'라고 예측하고, 정답과 비교해 오류를 줄이는 방향으로 신경망의 가중치를 조금씩 조정해서, 학습이 끝난 뒤에는 새로운 사진을 주었을 때 라벨을 정확히 예측할 수 있게 되는 거야.

로봇 팔이 물체를 집어 올리는 기능을 지도 학습으로 시키는 경우, 특정 좌표(x, y, z)에서 로봇 팔을 이렇게 움직이면 물체를 성공적으로 잡을 수 있다는 정답이 붙은 데이터를 제공해 주는 거야. 이때 물체의 위치, 각도, 크기 같은 것이 데이터가 되겠지. 수많은 성공과 실패 데이터를 수집해서 올바른 로봇의 관절 각도를 학습할 수 있어.

장점은 정확한 결과를 얻을 수 있고, 수학적 기반과 알고리즘이 잘 정립되었다는 점이야. 단점은 막대한 양의 라벨이 붙은 데이터가 필요하고, 새로운 상황(라벨에 없는 경우)에 잘 대응하지 못한다는 점이야.

예를 들어서 학습시킨 데이터에 작은 품종의 흰색 개들만 있었다면, 검은색 대형견인 도베르만은 개라고 인식하지 못할 수도 있고, 털 있는 고양이 사진들로만 학습시켰다면 스핑크스처럼 털이 없는 고양이는 인식하지 못할 수도 있지. 컵을 들어 올리는 기능만 학습한 로봇 팔이라면 납작한 접시를 들어 올리는 것은 못 할 수도 있다는 얘기야.

● 비지도 학습Unsupervised Learning

비지도 학습은 이름 그대로 정답(라벨)이 없는 데이터를 제공해. 즉 '맞다/틀렸다'라고 알려 주는 감독관이 없다는 거지. 데이터 속에 숨어 있는 패턴이나 구조를 스스로 발견하는 방식이야. 인간이 정답을 알려 주지 않아도, 알고리즘이 유사한 것끼리 묶거나 숨겨진 특징을 찾아내는 거지.

예를 들어, 이번에는 라벨 없이 수천 장의 동물 사진을 인터넷에서 받았다고 생각해 보자. 이때 비지도 학습 알고리즘은 사진들을 분석해 '이렇게 생긴 무리는 아마 고양이류', '이렇게 생긴 부류는 아마 개' … 하는 식으로 판단하며 그룹을 형성할 수 있는 거야.

비지도 학습이 적용된 로봇 청소기라면 카메라로 앞을 보면서 이동하는데, '이런 종류의 이미지들이 보이면 잠시 후 뭔가에 부딪혀서 더 이상 갈 수 없구나', '이런 부류의 이미지들이 보이면 계속 이동할 수 있다는 뜻이구나' 하는 속성을 스스로 발견해 공간의 구조를 학습하고 충돌 없이 이동할 수 있게 되겠지.

장점은 사람이 일일이 라벨을 붙여 주려면 많은 시간과 노력이 필요한데 그런 작업 없이도 활용 가능하다는 거야. 사람이 규정하기 어려운 숨겨진 패턴과 구조를 발견하는 데도 유용하지. 단점은 왜 그런 결과가 나왔는지 해석이 어려울 수 있고, 성능이 지도 학습만큼 직관적으로 잘 나오지 않기도 한다는 거야.

그래서 최근에는 자기 지도 학습Self-Supervised Learning이라는 아이디어도 인기를 끌고 있어. 사람의 도움 없이 데이터 자체에서 라벨의 역할을 하는 학습 신호를 스스로 만들어 내는 방법이지.

예를 들면 사진을 일부 가려 놓거나 음성 데이터를 일부 잘라 내고, 나머지 부분을 이용해서 가려진 부분이나 빈 부분을 예측하도록 학습시키는 거야. 즉 스스로 문제를 내고, 스스로 그 답을 맞히며 배워가는 방식이라고 설명할 수 있어.

강화 학습은 전혀 다른 접근 방법인데, 이건 특히 자율 로봇과 밀접한 관련이 있어. 이 방식에서는 라벨이 아니라 환경Environment과 반복적으로 상호작용을 하며 보상Reward을 통해 학습하는 과정이야. 말이 좀 어렵지? 강아지를 훈련하는 과정에 비유해 볼게.

강아지가 '앉아Sit'를 배우는 과정을 생각해 보자. 보호자가 "앉아"라고 말하면 강아지는 '보호자 음성 신호'를 감지하겠지. 처음엔 그게 무슨 뜻인지 모르니까 반응하지 않을 거야. 보호자 주변을 서성거리다가 강아지가 우연히 앉는 순간 간식과 칭찬을 줘. 그리고 그 외의 다른 행동에는 간식도 주지 않고 "안 돼"라는 말을 하는 거야. 그게 바로 보상이야.

이렇게 보호자와 상호 작용하는 경험이 반복되면서 강아지의 두뇌에는 "앉으면 좋은 일이 생기는구나!"라는 기억이 남겠지. 그리고 다음에 같은 신호가 오면 더 빠르게 앉게 되겠지. 이런 것이 바로 강화 학습에서의 행동 전략Policy이야. 똑똑한 강아지라면, 어떻게 행동하면 최대한으로 간식과 칭찬을 받을 수 있을지 배우는 거지.

대표적인 예가 알파고AlphaGo야. 바둑으로 더 유명해진 컴퓨터 에이전트computer agent지. 바둑을 한 수 두고, 그 결과 이길 확률이 높아지면 보상을 받고, 지는 방향이면 불이익을 받도록 해. 물론 컴퓨터는 강아지가 아니니까 간식과 칭찬을 받진 않아. 하지만 컴퓨터가 이해하는 방식으로 보상 프로그램을 하는 거지. 이 과정을 계속 반복하면서 바둑의 전략을 스스로 배워서 인간보다 훨씬 바둑을 잘 두게 되는 거야.

장점은 사람이 생각하지 못한 창의적인 전략을 발견할 수 있다는 점이고, 로봇 제어, 자율주행 자동차, 게임 AI 등 여러 분야에 강화 학습이 응용되고 있어. 단점은 학습 과정에 막대한 횟수의 시뮬레이션과 시간이 필요하다는 거야. 특히 초반에는 말이 안 되는 이상한 동작을 하느라 한참 시간을 쏟을 수도 있어. 귀여운 강아지라면 그런 시간을 참아 줄 수 있겠지만, 공장에 로봇을 설치하고 빨리 생산에 들어가야 하는데 며칠 동안 훈련해야 한다면 너무 답답하겠지? 심지어는 그렇게 학습하는 과정에서 주변 시설물과 충돌한다거나 사람을 친다거나 하는 사고도 날 수 있고 말이야.

보상 설계가 잘못되면 엉뚱한 행동을 학습할 수도 있어. 예를 들면 주인의 손이 간식 주머니로 갈 때 강아지가 "보상 받는구나"라고 이해하게 되면, "앉아"라는 소리가 아니라 손이 주머니로 가는 것을 보고 앉을 수도 있지. 또는 집안에서 가족의 명령에 잘 따르던 강아지가 다른 손님이 방문하거나 밖에 나가면 그러지 않는 경우도 있어. 그래서 로봇도 다른 환경에서도 잘 작동하도록 다양한 상황에서 반복하며 성능이 잘 나오도록 학습시켜 줘야 해.

● 모방 학습Imitation Learning

모방 학습은 말 그대로 보고 흉내 내며 배우는 거야. 지도 학습과 강화 학습의 중간쯤에 있는 방식으로 볼 수 있는데, 사람이 시범을 보이면, 컴퓨터 에이전트가 그 행동을 데이터로 학습해서 비슷하게 따라 하는 거야.

예를 들어 드론이 장애물을 피하며 날아가는 법을 배운다고 해 보자. 사람이 조종기를 잡고 모범 비행을 시범으로 보여 주면 센서 데이터가 행동을 기록하여 드론도 사람처럼 조종할 수 있게 되는 거야. 자동차라면 사람이 운전대를 잡고 실제 도로를 주행하면서 카메라 영상, 차량 속도, 주변 차량 위치, 신호등 상태 같은 정보를 입력해. 사람이 핸들을 얼마나 돌렸는지, 가속 페달, 브레이크 페달에는 어떤 입력을 줬는지를 정보로 저장하는 거야. 그러면 신경망 모델은 어떤 상황에서 어떤 행동을 했는지를 학습하게 되지.

장점은 강화 학습처럼 수많은 시행착오를 겪을 필요가 없어서, 초기 학습이 빠르고 안정적이라는 점이야. 그래서 강화 학습에서 초기에 학습이 잘 안되는 경우 좋은 출발점이 될 수도 있어. 단점은 사람이 보여 준 것 이상의 새로운 행동을 찾기 어렵고, 훈련 데이터에 없는 새로운 상황에는 대응이 어렵다는 거야.

예를 들어서 갑자기 차량이 끼어든다거나 처음 보는 복잡한 도로 환경에서는 적용하기 어려워. 그래서 자율주행 자동차 연구에서도 운전을 잘하는 사람이 운전한 데이터를 모방해서 초기에 주행하는 정책을 학습한 뒤, 이후에 강화 학습으로 세밀하게 성능을 높이거나 안전 규칙을 보강하는 방식을 자주 사용하기도 해.

결론적으로 모든 학습 방법에는 장단점이 있어서 무조건 하나를 제일 좋다고 할 수 없어. 각 상황에 맞는 학습 방식을 선택하고, 때로는 여러 방식을 조합해 최적의 해법을 설계하는 게 적절해.

로봇 연구자가 되려면 어떤 태도가 중요해요?

오늘날처럼 하루가 다르게 새로운 AI 기술과 방법론이 쏟아지는 시대에서 연구자가 가져야 할 자세는 어떤 걸까?

첫째, 겸손하면서도 비판적인 태도야.

전 세계의 수많은 사람들이 좋은 성과를 향해 달리고 있다 보니 "하늘 아래 새로운 것은 없다"라는 표현이 이제는 너무나도 맞는 말이 되어 버렸어. 그러니 겸손한 태도로 과거의 연구를 배우려는 자세가 필요해. 알아야 새롭게 재해석하고 확장할 수가 있거든. 하늘 아래 완전히 새로운 것은 없을지 몰라도, 새로운 질문, 새로운 맥락, 새로운 응용을 통해 새로운 가치를 이끌어 내는 것은 가능하지 않겠어?

반대로, 새로운 모델이나 기법이 발표되면 '혁명적'이라는 표현이 붙곤 하는데 실제로는 제한된 조건에서만 잘 동작하는 경우가 많아. 그래서 연구자는 늘 이 결과가 어떤 조건에서 유효한가, 우수한 성능이 다시 나오게 할 수 있는 재현성이 확보되었는가를 질문해야 해. 겸손한 태도는 과대평가를 막고, 비판적 시각은 허점을 찾고 개선하는 힘이 되지.

둘째, 기본 원리의 학습이야.

『내가 정말 알아야 할 모든 것은 유치원에서 배웠다All I Really Need to Know I Learned in Kindergarten』라는 책이 있어. 이 제목은 최첨단 과학에서도 통하는 말이야. 블록은 밑이 넓어야 잘 쌓인다는 걸 어릴 적 배웠듯이, 선형 대수, 확률과 통계, 제어 이론, 정보 이론 같은 기본 블록들을 잘 쌓아 두면 이를 기반으로 하는 로봇공학이나 AI 분야의 흐름도 잘 따라갈 수 있어.

기술이 빠르게 변하더라도 그 밑바탕에는 변하지 않는 원리가 있는 거지. 기본 원리를 제대로 알고 있으면 새로운 기법이 나와도 "이건 기존 개념을 이렇게 변형한 거구나" 하고 개념적으로 이해할 수 있거든.

셋째, 융합적 사고와 책임감이야.

AI와 로봇공학은 전통적인 공학 분야뿐 아니라 뇌과학, 심리학, 윤리학까지도 연결되고 있어. 그래서 연구자는 자신의 전공 틀에 갇히지 않고, 다른 분야의 언어와 문제의식을 배우려는 태도가 필요해. 데이터 편향, 개인정보 보호, 안전 문제를 간과하고 기술을 아무렇게나 적용하면, 그 기술은 위험해질 수 있거든. 연구자는 단순히 내 아이디어가 정확도가 높다는 공을 내세우는 데 그치지 말고, '앞으로 이 기술이 사회에 어떤 영향을 줄까'라는 질문을 스스로 던지면서 윤리적인 문제도 고민해야 해.

넷째, 실패와 한계를 인정하는 용기야.

엄마는 연구자로 살면서 수없이 실패해 봤고, 지금도 여전히 실패하기도 해. 논문을 거절당하기도 하고, 정말 잘될 것 같아 제안한 아이디어가 성과를 내지 못하는 일도 있거든. 하지만 이런 것도 연구의 일부야.

프로그램에 오류가 발생했는데 쉽게 고쳐지지 않고, 드론이 추락했지만 이유를 찾지 못했고…. 중요한 건 실패를 숨기거나 좌절하지 않고, 그 과정에서 알게 된 것을 되새기는 자세야. 그리고 오히려 실패 경험을 공유하면 다른 연구자들에게도 도움이 되고, 분야 전체가 더 빠르게 성장할 수 있어.

그래서 엄마가 연구실에 팀을 구성할 때 대학원생을 뽑는 기준은 '끈기'와 '협력'이야. 알고리즘을 설계하고, 데이터를 수집하고, 하드웨어를 구성해서 실험하기까지, 수많은 시행착오와 여러 사람의 노력이 필요해. 스스로의 단점과 상대방의 장점을 알고 보완해 주는 팀 없이는, 아무런 결과도 낼 수 없어. 발표와 글쓰기 능력도 중요해. 좋은 결과도 공유되지 않으면 의미가 줄어들고, 논문 작성, 학회 발표, 과제 회의, 과제 보고서, 대중 강연 등 상황에 맞게 적절히 설명하는 능력까지 갖춰야 성공적인 연구자로 성장할 수 있거든.

논리적으로 사고하며, 끈기 있고, 협력할 줄 아는 학생들을 받아서인지, 엄마는 청출어람靑出於藍(제자가 스승보다 낫다는 비유적 표현)의 순간을 경험하곤 해. 내가 생각하지 못했던 아이디어를 제안하고, 기존 장비 대신 더 좋은 방법을 찾아내는 학생들로부터 배우고 느끼는 즐거움은 말로 표현하기 어려워. 학생을 통해 새로운 창이 열리는 느낌, 그게 바로 연구의 아름다움이고 교육의 기쁨이겠지!

전하고 싶은 이야기가 있다면 들려주세요.   네가 요즘 제일 많이 듣는 말은 "공부 열심히 해라"겠지? 하지만 엄마가 말하고 싶은 '공부'의 진짜 의미는 '점수를 잘 받는 것, 좋은 학교에 들어가는 것'에 있지 않아.

공부는 세상을 더 깊이 이해하려는 도구야. 수학은 세상의 규칙을 숫자로 표현하는 언어이고, 과학은 우리가 겪는 현상을 설명하는 눈이야. 문학은 사람의 마음을 이해하게 해 주고, 역사는 사회를 바라보는 시야를 확장해 줘. 로봇에게 사람의 언어를 가르칠 때, 단순히 단어만 입력하는 게 아니야. 그 단어 속에 담긴 맥락과 감정을 이해해야 해. 그걸 위해선 언어학도, 심리학도 함께 배워야 하지. 마찬가지로, 네가 지금 배우는 모든 과목은 결국 서로 연결돼서 네 사고의 폭을 넓히고, 세상을 살아가는 힘을 키워 줄 거야.

그래서 엄마는 네가 공부를 열심히 하길 바라는 거야. 100점을 맞기 위해서가 아니라, 네 자유를 넓히는 힘을 기르기 위해서. 그리고 공부를 할 때, 단순히 시험을 위한 암기로만 끝내지 말고, 네가 배우는 것들을 "이건 세상을 어떻게 이해하게 해 줄까?"라는 질문으로 바라볼 수 있으면 좋겠어.

네가 과학자가 되길 바라며 쓰는 글이 절대 아니야. 네가 전혀 다른 길을 가고 싶다고 해도, 엄마는 기꺼이 응원할 거거든. 엄마가 걸어온 길은 어쩌다 보니 연구자의 길이었지만, 네가 꼭 같은 길을 걸어야 할 이유는 없단다. 네 인생에는 너만의 길이 있을 테고 엄마가 대신 살아줄 수도 없는 네 삶이잖아. 중요한 건, 네가 선택한 길에서 스스로 의미와 기쁨을 찾는 거라고 생각해. 모든 선택에는 책임이 따르고, 때로는 실패도, 후회도 할 수 있어. 하지만 그건 괜찮아. 실패와 후회조차도 네 삶의 일부이고, 그 안에서 배우며 다시 길을 찾아가면 되니까.

앞에서 얘기한 강화 학습 기법의 성능을 좋게 하려면, 성공한 데이터만 주는 방식과 실패/성공을 포함하는 다양한 데이터를 주는 방식 중 뭐가 나을까? 두말할 것 없이 다양한 데이터를 주는 방식이야! 학습 초기의 실패가 결과적으로는 우수한 성능을 만들어 내고, 실패하는 경험을 통해서 데이터에 들어 있지 않던 새로운 방향을 찾을 수도 있기 때문이야. 네가 포기하지 않는 한, 실패는 언제나 배움이 되고, 새로운 길이 되어 줄 거야.

엄마가 학생일 때는, 여학생이 거의 없던 기계공학을 전공했어도 힘든 점이 딱히 없었어. 오히려 여학생이 별로 없으니, 조금만 잘하면 다들 더 좋게 기억해 주는 장점이 있었지. 그런데 연구자가 되면서는 조금 달랐어. 백인 아저씨들이 가득한 회의실에 들어갔을 때 어린 유학생이었던 엄마는 목소리를 낼 용기가 나지 않더라.

특히 힘들었던 건 엄마의 역할을 함께하는 거였어. 내 딴에는 너와 함께 있으려고 제주도 같은 곳에서 열리는 국내 학회는 무조건 당일치기로 다녀왔고, 해외 출장은 최소화했거든. 마감이 임박해 논문을 고칠 때는 학교에 가는 대신 학생을 집으로 불러서 함께 밤을 새기도 했지. 유난히 나와 떨어지지 않으려고 하는 너를 떼어놓고 출근하던 날들의 죄책감은 아직도 오늘 일 같이 마음에 남아 있어.

완벽한 엄마이자 연구자가 되는 건 너무 힘들더라. 그래서 그런 건 이제 포기하기로 했어. 하지만 좋은 엄마, 좋은 연구자가 되는 것은 포기하지 않을 거야. 할 수 있을 때까지 계속 배워가며 노력하려 해. 완벽한 균형을 찾으려 하고, '나는 왜 이것밖에 하지 못할까'라며 자책하기보다는 내가 할 수 있는 최선을 다했다는 마음이면 충분하다고 생각하게 됐거든.

딸아, 엄마는 네 인생이라는 실험에 언제나 함께하는 든든한 조력자로 곁에 있고 싶어. 네가 어떤 길을 가든, 엄마는 네 가장 큰 팬이자 동료가 되어 줄 거야.

네가 희망을 품고 열었던 문에서 좋은 성과를 얻지 못할 때, 걷다가 넘어질 때, 기억했으면 하는 문장들이 있어서 소개하며 마무리할게.

"When one door of happiness closes, another opens; but often we look so long at the closed door that we do not see the one which has been

opened for us.”
– Helen Keller

“행복의 문이 하나 닫히면 또 다른 문이 열립니다. 다만 우리는 닫힌 문을 너무 오래 바라보느라, 이미 우리에게 열려 있는 문을 보지 못할 때가 많습니다.”
– 헬렌 켈러

“We are all in the gutter, but some of us are looking at the stars.”
– Oscar Wilde

“우리는 모두 어둡고 낮은 곳에 있지만, 그중 몇몇은 고개를 들어 별을 바라봅니다.”
– 오스카 와일드

문제를 푸는 것보다
새로운 문제를 정의하고 찾아내는 게
더 흥미로워.

문수복 │ KAIST 공과대학 전산학부 교수
2012년 한국공학한림원 젊은 공학인상 수상
2012년 교육과학기술부 지식창조대상 수상

🎙 어린 시절에 대해

말씀해 주세요.　안녕, 우선 나를 소개할게.

오랜만에 편지를 쓰려니 좀 어색하다.

직업상 전공 분야에 관한 정보나 논문에만 익숙하다 보니 내 글이 좀 퍽퍽하고 읽기 편하지 않을 것 같아 걱정이 앞서. 나도 이런 글은 처음이니까 이해해 주길 바라며 써 볼게.

어린 시절을 떠올려 보면 이상하게 초등학교 들어가기 전까지의 기억이 별로 없어. 1965년에 서울에서 태어났고, 2살 많은 오빠와 4살 어린 여동생이 있어. 한여름 마당에 고무 대야를 크기별로 세 개 놓고 오빠, 나, 동생이 들어가서 물놀이하던 것과 겨울에 난로에 고구마를 구워 먹었던 정도만 기억 나. 고구마 구울 때 플라스틱 소꿉장난 바구니를 얹어 놓았다가 녹아 들러붙어서 혼난 것도 기억난다. 그때는 플라스틱이 뜨거운 온도에서 녹는 걸 몰랐거든.

초등학교 들어가기 전까지는 매일 놀기만 했어. 그러던 어느 날 엄마가 학교 다니려면 이름은 쓸 줄 알아야 한다면서 연필을 쥐어 주시더라. 그렇게 처음 해 본 공부가 연필로 가족 이름을 쓰는 거였어. 친할아버지, 친할머니, 외할아버지, 외할머니. 그리고 아빠, 엄마, 오빠, 내 이름과 동생 이름을 순서대로 썼지. 칸이 나뉜 노트에 가족의 이름을 여러 번 써 보고 뿌듯해했던 기억이 어렴풋이 남아 있어. 지금은 초등학교 들어가기 전, 유치원 때부터 공부를 열심히 하던데 내가 어렸을 때는 이름만 쓸 줄 알아도 됐었나 봐.

초등학교 때 기억도 친구들이랑 놀았던 게 대부분이야. 부모님이 시장에서 방앗간 하는 친구, 목욕탕 하는 친구, 나처럼 오빠와 여동생이 있던 친구, 조금 얌체였던 친구…. 이젠 이름도 가물가물하지만, 여러 친구와 함께 놀았었어.

방학 때면 오빠랑 나는 이모 집에 일주일씩 가 있곤 했어. 오빠는 나이가 많은 중·고등학생 사촌 언니, 오빠들 사이에서 잘 놀았지만 오빠보다 어렸던 나는 같이 할 수 있는 게 별로 없었지. 어느 날은 언니들이 내 방학 숙제인 그림일기를 대신 그려준 적이 있어. 그런데 너무 잘 그린 거야. 어린 마음에 다른 사람이 대신 그려 준 걸 들켜서 선생님께 혼나면 어쩌나 하고 걱정했던 기억도 나네.

이모 집에서는 만화책을 실컷 볼 수 있었어. 다들 모여서 재미있게 만화책을 봤는데, 특히 나는 밤늦게까지 볼 정도였지. 겨우 이름만 쓸 줄 안 채 초등학교에 갔던 터라 글자를 잘 몰라서 그림만 본 셈인데, 그런데도 만화책이 너무 재미있었거든. 충청도가 고향이신 이모부께서 사투리가 섞인 말투로 "어사 박문수는 참 좋은 만화여"라고 하시면서 만화책을 빌려 오라고 시키셨던 것도 가슴에 새겨진 그리운 추억이네.

부모님께서 오빠부터 동생까지 함께 보라고 안데르센 동화 전집을 사 주신 적이 있어. 하드커버로 된 책이 한 권씩 케이스에 들어 있었는데 보는 것만으로도 근사했지. 책을 펼치는 것만으로도 마치 고학년이 된 기분이 들었어. 그런데 분명히 동화책인데 이야기들은 너무 무시무시했어. 모르는 단어도 너무 많았고. 다행히 어린이들을 위한 책이라서 어려운 단어는 따로 적혀 있었기 때문에 그 내용들을 찾아가며 읽었어.

초등학교 저학년이었을 때 기억에 남는 일이 하나 있어. 두 자리 수 더하기랑 구구단표를 외워서 쓰는 산수 쪽지 시험을 잘 본 거야. 시험을 잘 봐서 그랬는지 숫자를 다루는 게 재밌었던 것 같아. 초등학교 고학년 때는 변수와 등식에 대해 배웠어. 숫자가 등호를 건너가면 숫자 앞의 부호를 바꾼다고만 배우고, 왜 그런지 그 이유는 몰랐어. 중학교에 올라가서야 '등호는 양쪽의 값이 똑같음을 나타내기 때문에 양쪽에 같은 값을 더하거나 빼도 성립된다'라는 원리를 배우게 됐지. 수학은 정해진 규칙에 따라서 풀면 된다는 걸 깨닫게 된 거야.

참, 초등학교 5학년 때는 마블 게임에 푹 빠져 있었어. 마블 게임 보드가 있는 친구네서 살다시피 했을 정도야. 주사위를 굴려 말을 옮기고, 땅을 사서 호텔을 짓고, 세를 받아 돈 버는 게 왜 그렇게 재밌던지. 주사위를 굴리자마자 말을 눈 깜짝할 새 옮기고 바로 세를 계산할 정도로 계산에 능해졌던 거 같아.

오빠는 오목, 체스, 카드 게임을 좋아했어. 나를 가르쳐가며 같이 놀았는데 동생하고는 나이 차이가 나서 그랬는지 셋이서 같이 게임한 기억은 거의 없어. 그래서일까? 오빠와 나는 이과, 동생은 문과로 진학했어.

중학교에 진학하면서 교복을 입고 머리를 단발로 잘랐어. 뭔가 틀에 갇히는 느낌이었지만, 다들 하니까 그러려니 했어. 교복은 단정하고 깔끔했지만 좀 불편했고, 짧은 단발머리도 어색하고 미워서 싫었지. 지금과 달리 교복뿐만 아니라 머리와 가방, 신발까지 모두 똑같아서 학생끼리 빈부 격차가 느껴질 일은 크게 없었어. 차이가 나는 건 도시락 반찬과 겨울 코트 위에 두르는 목도리 정도였던 것 같아. 내가 중학교에 다니던 시절에는 급식이 없었고 다들 집에서 싸주는 도시락을 가지고 다녔거든. 친한 친구가 아니라면 잘사는지, 어렵게 사는지 그 집안 사정을 알 수 없었지. 돌이켜보면 한참 예민했던 사춘기 시절, 서로를 잘 모르는 게 좋았던 점도 있는 것 같아.

내 학창 시절에는 학교에서 어떤 소문이 나더라도 실제로 확인할 수 없으니 친구들이 이야기해 주면 조금 상상해 보는 정도였어. 해외 명품 옷이 있는 친구도 있었는데, 학교 밖에서 따로 만난 적이 없어서 전혀 몰랐어. 대학에 가서야 알게 됐지. 요즘과 달리 SNS도, 휴대전화도 없던 시절의 이야기라서 어떻게 느껴질지 궁금하네.

그런 세상에서 자라서인지 한때는 '정보가 많으면 무조건 좋다'라고 생각했어. 그래서 싸이월드cyworld(2000년대 초반에 유행하던 대한민국 SNS)를 초창기부터 시작했고, 이어서 트위터, 페이스북도 가입해서 열심히 썼지. 처음에는 뉴스를 통해 접하기 힘든 정보가 많고, 친구들의 근황도 금방 알 수 있어서 신기했어. 그런데 어느 순간, 잘 안 쓰게 되더라. 아무리 좋은 정보도 제때 다 챙겨보지 못하니까 쌓이게 되고, 그게 또 스트레스가 되더라고.

또 나는 일이 밀리면 가끔 주말에도 출근하는데, 그 시간에 맛집을 탐방하고 즐겁게 지내는 다른 사람들의 사진을 보면 부럽기도 했지. 그래서 지금은 가끔 시간 날 때 휙 둘러보는 정도가 됐어.

중학교 들어가기 전 겨울방학에 처음으로 그룹 과외라는 걸 해 봤어. 몇 명의 친구들이 모여서 하는데 다들 하니까 따라서 했던 것 같아. 영어 과목이었는데 선생님께선 단어를 외우기보단 발음을 제대로 익히는 데 중점을 두셨어. 덕분에 겨울방학을 l과 r, p와 f 발음의 차이 배우는 데 홀러덩 썼더랬지.

중학교 다니면서 수학 과외도 했어. 그때는 시험도 별로 없어서 공부보다는 친구들하고 모여서 대학생 선생님께 배우는 시간이 마냥 재미있었던 것 같아. 3학년 때 법으로 과외가 금지됐을 때 "이렇게 재밌는 걸 왜 못 하게 하지?"라는 생각에 서운했어.

중학교 때는 감성도 성장했던 시기였어. 영어 시간에 '멜랑꼴리Melancholy(우울한 감정)'라는 단어를 배워서 비가 오면 멜랑꼴리해졌고, 밤이면 라디오 방송 〈별이 빛나는 밤에〉를 들으며 헤르만 헤세의 소설 『데미안』을 읽었지.

고등학생이 되니 이과와 문과로 반이 다시 나뉘더라. 그런데 12개의 반 중에서 이과는 2개 반이 전부였지. 대부분 이과보다는 문과를 좋아했어. 감성이 예민한 사춘기에 광합성의 ATP 사이클을 외우고, 빛의 속도로 은하계를 이동하는 내용이 잘 와닿지 않았을 거야. 나도 감성적인 사춘기였지만 그래도 수학이 재미있어서 별 고민 없이 이과를 선택했어. 이과반 친구들이랑 수학 숙제를 하면서 "이 증명이 맞네, 틀리네" 하며 티격태격하는 시간도 좋았어. 논리적으로 문제를 하나씩 풀어나가는 게 참 매력적이었거든.

혼돈의 사춘기에는 대부분 자신이 뭘 잘하고, 뭘 좋아하는지 잘 모르잖아. 그럴 때 새로운 분야의 전공을 다양하게 경험할 기회가 있었다면 좋았을 것 같아. 못한다고 생각했던 분야도 경험해 보면 자신감도 생기고 익숙해질 수도 있어서 진로를 선택할 때 큰 도움이 되었을 텐데. 아쉽게도 그런 기회가 없었어.

🎙 공대를 선택한

이유가 있었나요?

내가 대학에 갈 때는 '학력고사'라는 시험이 있었어. 340점 만점이었고, 전공에 대한 정보가 많지 않던 시절이라 관심 있는 학과보다는 학력고사 결과에 따라 학교와 전공을 정했었지. 그래도 난 성적이 좋은 편이어서 선택의 폭이 넓었어. 그때도 의대는 인기가 많았지만 내 적성에는 맞지 않았어. 원칙을 이해하면 외울 게 없는 수학이나 물리 같은 과목은 좋아했지만, 외울 게 많았던 생물 과목에는 재미를 붙이지 못했거든. 가정 가사 과목도 비타민 부족 증상을 잘 외우지 못해서 힘들었는데 의대에 가면 온갖 뼈, 근육, 장기들의 이름과 증상, 처방까지 외워야 할 게 끝이 없겠더라고.

대학에 들어간 뒤 의대에 간 친구들에게 "시험공부 힘드냐?"라고 물어보니 농담처럼 "이해는 사치야"라고 대답하더라. 그 말을 듣고 의대에 안 가길 잘했다고 생각했어.

고등학생일 때 절친 중에 물리를 좋아하던 친구가 있었어. 그 친구가 물리학이 얼마나 멋진 학문인지 얘기하면서 아이작 아시모프(SF 소설의 거장이자 화학 박사)의 소설을 이야기해 줄 때는 물리학과에 갈 생각도 했었지. 그런데 아버지께서 공대를 추천하시더라. 그때가 1982년 타임지 표지에 스티브 잡스가 실렸을 때야. 앞으로는 컴퓨터가 새로운 시대를 열 것이라고 기대하던 분위기였지.

아버지는 1930년대에 중국 상하이에서 태어나셨어. 할아버지께서 임시정부에서 일하고 계셨던 터라 가족 모두가 중국에서 지냈

었대. 아버지는 1960년대에 미국에서 핵물리학을 공부하시고 대학에 자리를 잡으셨어. 한국은 물리 같은 기초과학을 연구하기 쉽지 않았던 시절이라서 공대를 권하셨던 것 같기도 해.

오빠도 공대에 다니고 있어서 난 공대에 대한 거부감은 없었지만, 지원하는 여학생은 거의 없었어. 아버지께선 여성 전공자가 드문 분야에 딸을 보내는 데 대해 별로 걱정하진 않으셨던 것 같아. "세상은 넓고 할 일은 많으니 척박한 현실에 구속되지 않아도 된다"라고 생각하셨던 걸까?

🎙 전산학과에서는

어떤 것을 배우나요?　　공대를 지원하고 전산학과를 선택했어. 1~2학년 때는 기초 프로그래밍을 익히면서 학문적 기초가 되는 이론 과목들을 배워. 요즘에는 대부분의 학생들이 컴퓨터 프로그래밍을 배우지만 그 당시에는 관심을 두는 학생이 많지 않았어. 전산학과의 바탕이 되는 이론 과목은 대표적으로 알고리즘, 통계학, 이산수학, 선형대수학 등이야. 각 과목에 대해 간단히 설명해 볼게.

● 알고리즘

컴퓨터에 특정 연산을 시킬 때 시간이 얼마나 걸릴지, 메모리가 얼마나 필요할지 같은 걸 분석하는 방법을 배우는 과목이야. 컴퓨터에 특정 연산을 시키면 적당한 시간 내에 연산을 마칠 수 있게끔 프로그램을 짜야 하거든. 그게 가능한지 분석하는 이론적 기초를 공부하는 거지.

● 통계학

인공지능 분야에서도 널리 쓰이는 방법론이라서 전산학에서 필수 과목이야. 고등학교 때 통계학의 기초를 배울 때 이해가 잘 안 되는 부분이 있었어. "주사위를 여러 번 굴렸을 때 나오는 면의 평균이 95%의 확률로 특정 범위 안에 들어온다"라는 내용이었거든. 왜 그렇게 되는지 이해되지 않아서 수학 선생님을 졸졸 따라다녀 봐도 속 시원하게 알 수가 없더라. 그런데 통계학을 배우면서 주사위를 많이 굴리면 굴릴수록 '평균값'이 '참 평균값'을 중심으로 모여들고, 그 결과가 정규분포를 따른다는 큰 수의 법칙law of large numbers을 배우고 나서야 시원하게 고개를 끄덕이게 됐어.

● 이산수학

이산수학discrete mathematics은 실수가 아닌 정수처럼 '하나, 둘, 셋…'과 같이 셀 수 있는 대상과 구조를 다루는 수학이야. 컴퓨터는 연속적인 실수를 직접 다루기보다는, 0과 1로 이루어진 이진수만 다루는데, 이산수학은 그런 연산을 다루기 위해서 꼭 배우게 되는 과목이야. 여러 숫자를 (1, 1, 0)과 같은 조합 쌍으로 표현해서 다루기도 해.

예를 들면, 고등학교에서 배우는 과목이 다섯 개라고 가정해 보자.

1번 국어, 2번 정보 교육, 3번 역사, 4번 영어, 5번 체육이라고 번호를 붙이고,

내가 이번 학기에 듣는 과목들을 (1, 1, 1, 0, 0)이라고 표시하는 거야. 그러면 1, 1, 1은 국어, 정보 교육, 역사 과목을 듣는다는 걸 표현한 것이고, 0, 0은 영어와 체육 과목은 안 듣는다는 뜻이 돼.

이와 같이 이산수학은 다양한 정보를 0과 1, 혹은 여러 숫자 묶음으로 표현하고 다루는 방법을 알려 주는 방법론이야.

● 선형대수학

선형대수학linear algebra은 벡터와 행렬을 다루는 수학이야. 인공지능 연구에서는 거의 모든 정보를 벡터와 행렬 형태로 바꾸어 계산하거든. 그래서 꼭 배워야 하는 과목이야.

이론적 기초를 배우고 나면, 컴퓨터 시스템을 어떻게 설계, 구현, 운영하는지를 배우게 돼. CPU와 메모리가 어떻게 연결되어서 동작하는지를 배우는 컴퓨터 구조, 컴퓨터에서 여러 프로그램을 동시에 잘 실행하게 도와주는 운영체제, 인터넷에서 데이터가 어떻게 전송되고 수신되는지를 배우는 전산망 개론 등의 시스템 과목들이 있어. 이런 시스템을 만들고 운영할 때는 다양한 프로그래밍 언어들을 사용하는데, 그 언어들에 대한 이론 과목들도 중요해.

프로그래밍 언어 개론은 전공필수 과목이고, 형식 언어 및 오토마타, 컴파일러 설계 등도 많이 듣는 편이야. 컴파일러는 하나의 언어로 기록된 프로그램을 다른 언어로 바꿔 주는 일종의 번역기이지. 컴퓨터가 읽은 내용을 기계어로 바꿔 주는 역할을 해. C, C++, 파이선Python 같은 언어를 컴퓨터가 이해할 수 있는 기계어인 0과 1로 바꿔 준다고 생각하면 쉬워. 컴퓨터를 이용해 작업하려는 내용을 정리해서 실제 구동할 수 있게 바꿔 주는 작업이지. 컴퓨터가 처음 만들어졌을 때보다 훨씬 더 복잡한 연산을 하려다 보니 우리가 생각하는 방식을 기계어로 바꿔 주는 컴파일러도 같이 발전하고 있어.

인공지능은 인류문명의 큰 발명인 전기와 비교하곤 해. 그만큼 큰 변화이고 발전인 거지. 그런 인공지능을 한두 과목만으로는 다룰 수가 없겠지? KAIST한국과학기술원 전산학부에서는 인공지능 개론, 기계학습, 확률적 프로그래밍, 자연언어 처리, 그래프 마이닝, 컴퓨터 비전 개론, 지능 로봇 설계 등의 많은 과목들을 제공하고 있어. 특히 개론 과목들은 KAIST 학부생들의 반 이상이 듣고, 매 학기 수강생이 300명을 넘나들기도 해.

🎙 전산학자는

어떤 일을 해요? 내 전공은 컴퓨터 네트워크야. 박사 학위를 받을 때까지는 주로 인터넷을 연구했는데, 요즘은 데이터센터에서 사용하는 초고속 네트워크 시스템을 연구하고 있어. 온라인 소셜 네트워크 분석도 해 왔고.

전산학은 한마디로 설명하자면 '정보 그 전체'를 다루는 학문이야. 정보의 수집, 저장, 분석, 처리, 표현까지의 광범위한 주제들을 다루지. 예를 들자면, 카메라로 들어오는 영상이 정보의 수집에 해당하고, 모바일 게임을 할 때의 화면 출력이 표현인 셈이야. 인공지능에서 최근 많은 사람이 쓰는 초거대 언어모델은 정보 처리의 한 예야.

연구자는 어떤 분야든 상관없이 '아직 아무도 다루지 않은 문제'를 만들어 내고 해결해야 해. 그래서 나는 항상 학생들에게 "지금 쓰고 있는 시스템의 부족한 점이 무엇인지 생각해 보라"고 해.

예를 들어 CPU는 빠를수록 좋지만, 물리적 한계 때문에 속도가 더 빨라지기 힘들지. 그래서 여러 개의 CPU를 묶어서 쓰기 시작했어. 메모리도 마찬가지야. 빠르고 용량이 클수록 좋으니까, 계속 용량이 큰 메모리를 만들고자 노력해 왔지. 요즘 뉴스에 종종 나오는 인공지능 HBMHigh Bandwidth Memory은 말 그대로 고성능 메모리야. 1차원 평면으로는 용량을 키울 수가 없어서 메모리 셀들을 층층이 쌓아 올려 집적도를 높인 거야. 인공지능 연산은 행렬 연산이 많기 때문에 기존의 CPU 구조는 이런 연산에 최적은 아니었어. 그래서 엔비디아NVIDIA(미국 반도체 기업)에서 만든 GPUGraphics Processing Unit가 이런 작업에 맞게 설계되면서 성능이 훨씬 좋아진 거야.

엔비디아에서도 꾸준히 새로운 GPU 설계를 내놓고 있고, 다른 회사들도 열심히 노력하고 있어. 한국에서도 퓨리오사AI, 하이퍼엑셀, 리벨리온 같은 회사들이 NPUNeural Processing Unit를 설계하고 있어. NPU는 GPU보다 '인공지능의 학습과 추론'에 특화해 설계된 칩이라고 생각하면 돼.

우리 연구실에서는 '이러한 NPU들이 어떻게 통신해야 더 많은 데이터를 더 빨리 주고받을 수 있을까?'를 연구하고 있어. 컴퓨터 시스템에는 CPU, GPU, NPU와 같은 연산 장치도 있지만, 메모리를 비롯해 데이터 저장 장치도 있고, 다른 컴퓨터들과 연결하는 네트워크 시스템도 필요해. 그런데 이런 부분들이 다 똑같은 속도로 발전하는 건 아니야.

예를 들어 볼게. 어느 해에는 메모리 용량과 속도가 20% 성장한 반면, 나머지 구성 요소들의 성장은 그대로일 수 있어. 그럴 때는 메모리의 용량이 커진 점을 더 잘 활용할 수 있는 방법을 만들어야 해. 이전에는 웹 검색과 서류 작성에 주로 사용되었다면, 21세기에는 동영상을 보는 데 제일 시간을 많이 쓰는 것처럼 컴퓨터 사용 목적도 계속 달라지고 있지.

컴퓨터라고 하면 탁상용 컴퓨터나 서버 컴퓨터만 떠올리던 시절이 있었는데, 지금은 자율주행 자동차에도, 드론이나 휴머노이드 로봇 안에도 컴퓨터가 들어 있어. 이런 다양한 형태의 컴퓨터들은 겉으로 보기에는 기능이 크게 달라 보이지만 의외로 공통점이 많아. 자율주행 자동차, 드론, 휴머노이드 로봇은 모두 카메라로 주변 환경을 인식하며 정보를 입력하지. 하지만 출력은 다 제각각이야. 자율주행 자동차는 운전대를 조종하며 자동차 바퀴를 굴리고, 드론은 공중을 날며 정해진 위치로 이동해야 하고, 휴머노이드 로봇은 관절을 움직이게 해야 하니까.

유망할까요?　　　　당연하지. 나는 전산학이 앞으로도 할 일이 끝없이 많은 분야라고 생각해. 인공지능 기술이 발전하면서 "이제는 프로그램도 AI가 만들어 준다"라는 뉴스를 종종 접하게 돼. 동시에 큰 IT 회사들이 인력 감원을 한다는 소식도 들리다 보니 "이 분야에서 할 일이 줄어드는 건 아닐까?"라며 걱정하는 사람도 많아지고 있어. 하지만 인력 충원과 감원은 기술 때문이 아니라 경제적 상황에 따라 조절하는 거라서 반복적으로 일어나는 일이야. 미국은 우리나라보다 인력 충원이나 감원이 상대적으로 쉬워서 경기가 좋아도 회사 상황에 따라서 감원할 때가 많거든.

　　내 생각으로는 전산학에 대한 근본적인 수요가 줄어들지 않을 것 같아. 신기술에 투자가 몰리면서, 생긴 지 1년도 안 되는 스타트업 기업들의 가치가 1조 원을 넘기는 일이 생길 정도로 기술 개발 경쟁이 엄청나지. 하지만 그런 기술 투자가 매출로 바로 연결되는 건 아니야. 매출을 올리려면 고객을 확보해야 하는데, 그때까지 버티며 관리하고 유지하는 데에도 비용이 필요하거든.

　　새로운 전산 시스템이 만들어지는 과정을 보면 더 확실히 알 수 있어. 새로운 시스템은 설계에, 시스템 구현, 테스트 과정을 거치며 제대로 가동되는지 확인하지. 프로그램을 짜는 코딩은 시스템 구현에 해당하는데 전체 과정의 절반도 차지하지 않아. 시스템을 설계하고, 테스트하는 시간이 훨씬 더 길고 큰 부분을 차지해. 물론 인공지능의 도움을 받으면 능률이 올라가겠지만, 인공지능이 적용되는 분야가 많아질수록, 새로운 문제가 생기고 할 일은 늘어날 거야.

역사를 돌아보면, 새로운 기술의 등장으로 기존 산업의 일부가 사라졌지만 그보다 더 많은 산업이 만들어졌어. 이처럼 변화는 새로운 가능성을 만드는 과정이라고 생각해. 새로운 흐름에 적응하는 게 쉽진 않겠지만 이젠 그런 적응 과정도 인공지능의 도움을 받을 수 있지 않을까?

🎙 일하면서

보람을 느낄 때는 언제예요?   박사 과정을 밟고 있던 1996년 여름, AT&T 연구소에 인턴으로 가게 됐어. 라몬 카세레스Ramon Caceres 박사와 함께 연구했지. AT&TAmerican Telephone & Telegraph Company는 미국에 있는 최대 규모의 통신 및 미디어 기업이야. 1996년에 벨 연구소Bell Labs와 루슨트 벨 연구소Lucent Bell Labs로 분리되긴 했지만 통신 분야에서 최고의 연구소였어.

인턴을 마치고, 박사 학위를 받은 후에도 꾸준히 카세레스 박사와 연락을 주고받으며 지냈어. 어느 날, 카세레스 박사가 AT&T 연구소를 그만두고 작은 회사로 옮긴다는 소식을 들었어. "최고의 연구소를 왜 그만두세요?" 하고 물으니 "내가 만든 코드를 많은 사람들이 유용하게 사용하는 게 큰 보람"이라고 대답하시는 거야. 그 말이 나에게 큰 자극이 됐어.

나는 박사 학위를 받았을 때, 바로 대학에 가서 나만의 새로운 연구를 펼칠 자신이 없었어. 지도 교수님들께서 잘 이끌어 주셨고, 나도 열심히 해서 박사 학위를 받기는 했지만, '이제부터는 내 연구를 내가 스스로 만들고 이끌어야 한다.'라고 생각하니 부담이 컸거든. 그래서 바로 대학에 가지 않고, 조금 더 배우고 싶다는 생각에 산업체 연구소를 선택했지.

내가 선택했던 곳은 스프린트Sprint Corporation 연구실이었어. AT&T와 경쟁하는 대형 통신사에서 새로 만든 연구실이었는데 인터넷을 전문적으로 연구하는 곳이야. 백본망backbone network(소규모 네트워크를 연결하는 중추망)을 다루는 엔지니어들과 함께 일하며 실제 인터넷이 어떻게 돌아가는지, 지금 사용하는 기술의 단점과 보완하면 좋을 기술에 대해 연구하게 된 거야. 학교에서 책으로만 접했던 기술들이 실제로 어떻게 적용되고, 또 한계점이 무엇인지를 배우는 과정이 무척 재밌었어.

연구실은 동료가 10명이 채 안 되는 작은 팀으로, 금방 친해지면서 모두 절친이 되었어. 우리는 매년 여름이 되면 대학원생들을 인턴으로 받았는데, 그 준비는 전해 12월부터 시작돼. 인턴들이 풀어야 하는 문제를 정리하고, 중요도와 난이도를 조절해서 4~5월에는 인턴 후보들과 인턴십 프로젝트들을 매칭하지. 그래서 여름에 새로 온 인턴들은 첫날부터 바로 연구를 시작할 수 있었어. 이런 준비를 혼자 했다면 힘들었겠지만, 연구실 동료들과 함께하면서 서로 자극도 받고 선의의 경쟁도 가능했지. 덕분에 나도 내가 잘하는 게 뭔지를 깨달았던 것 같아.

어느 날은 연구실 동료와 앉아서 서로의 생각을 솔직하게 이야기할 기회가 있었어. 그 친구는 "다른 사람 연구의 단점을 지적하는 게 너무 재미있다"라고 말하더라. 나는 "새로운 문제를 정의하고 찾아내는 게 문제를 푸는 것보다 재밌는 것 같다"라고 고백했지. 어떤 문제든 내가 아는 방법으로만 풀려고 고집하는 것보다 다른 사람들이 제시하는 해결법에도 관심을 두는 것도 훈련이 된 것 같다고.

연구소에 있을 때, 내가 특히 보람을 느꼈던 프로젝트가 있어. 상업용 백본망의 성능 측정 장비를 대규모로 설치해서, 지금까지 알려지지 않았던 특징을 분석하고 밝혀낸 일이야. '네트워크의 말단에서 데이터가 몰릴수록 중간의 큰 망에서도 지연이 심해질 것'이라는 예상과는 달리, '데이터가 몰릴수록 변동의 폭이 줄어드는 현상'을 발견한 거야. 그동안 논란이 있던 서비스의 질Quality of Service 문제를 우리 연구팀에서 잠재웠지.

KAIST에 부임하고 바로 온라인 소셜 네트워크 분석을 시작했어. 싸이월드, 유튜브, 트위터를 분석한 연구 논문들은 이 분야에서 꼭 읽어야 하는 논문이 되었고, 온라인 소셜 네트워크라는 새로운 미디어의 영향력을 분석하는 방법론을 제시하기도 했어. 또 지금 100기가바이트 이상의 초고속 네트워크 장비에서 널리 쓰이는 획기적인 고성능 네트워크 시스템을 처음 만들었고, 꾸준히 그쪽으로 연구하고 있지.

교수로 일하다 보면 연구 성과만큼이나 큰 보람을 느낄 수 있는 건 졸업생 배출이야. 누가 우리 졸업생 칭찬을 하면 그렇게 기분 좋을 수 없고, 신문 기사라도 나면 동네방네 자랑하고 싶어지더라니까.

🎙️ 리더십이 중요한가요?

글쎄. 나는 초등학교 6학년이 될 때까지 반장이나 부반장 같은 '요직'을 한 번도 해 본 적이 없어. 초등학교 1학년 때는 반장이란 게 없었고, 2학년 때 처음으로 반장 선거에 나가게 됐지. 반장 후보가 된 나를 응원한다며 오빠가 거창하게 선거 포스터를 그려서 교실에 붙여 줬는데, 선거에는 똑 떨어졌어. 기억은 잘 나지 않지만 앞에 나가서 발표를 잘 못했던 것 같아. 친구들이랑 놀 때는 활발하고 말도 잘했는데, 선생님 질문에 자리에 일어나기만 하면 눈앞이 하얘지고 멍해져서 말도 잘 못하고 더듬기만 했거든. 지금은 매일 수십, 수백 명 앞에서 몇 시간 동안 강의를 하는 나에게 그런 과거가 있었다는 걸 아무도 상상하지 못할 거야.

그렇게 첫 선거에 떨어지고 어린 마음에 상처를 크게 입었나 봐. 그 후로는 수업 시간에 손도 잘 안 들고, 누가 반장 후보로 추천해도 뒤로 물러났던 것 같아. 그러다가 4학년 여름에 캠프에 가게 됐어. 종로에 있는 YWCA 센터에서 모여 2박 3일로 다녀오는 일정이었지.

캠프에는 저학년부터 고학년까지 대여섯 명씩 팀을 짜고, 팀별로 여러 과제를 했어. 정확하게 뭘 했는지는 기억나지 않지만, 우리 팀이 4등으로 꼴찌를 했던 건 기억이 나. 아마 내 인생에서 첫 꼴찌였을 거야. 팀장이었던 언니가 원망스럽고, 왜 더 적극적으로 안 했는지 아쉽고 속상했어. 그다음 해 여름, 엄마가 같은 캠프에 또 보내 주셨어. 그때는 내가 팀장이나 부팀장을 했던 것 같아. 한 번 경험했던 덕분에 나름대로 노하우도 있었고, "꼴찌만은 절대 안 돼"라고 마음먹었지. 그해에 1등을 했는지 2등을 했는지 기억은 잘 안 나는데, 꼴찌는 면했다는 것에 매우 기뻐했어. 나이도 제각각이고 생전 처음 만난 아이들이 캠프에서 만나서 팀으로 함께 뭔가를 이뤄내는 게 재미있었고, 자신감을 회복시켜 준 것 같아.

초등학교 6학년 때 처음으로 '반장'이 되었어. 중학교에 진학해서도 학생들이 정식으로 반장을 뽑기 전에 임시 반장을 맡게 됐는데 단순히 키가 제일 크다는 이유에서였지. 그래도 정식 선거를 통해 반장으로 선출됐고, 그때부터 고등학교 때까지 쭉 임원을 맡게 되었어.

초등학교 때 참여했던 캠프가 내겐 리더십의 큰 전환점이었던 것 같아. 다른 사람들과 함께 무언가를 이뤄낸 과정이 뿌듯하면서도 재미있었거든. 어쩌면 평생 몰랐을 수도 있었을 감정과 나의 잠재력을 깨워 준 소중한 경험이었어. 그다음부터는 어디에 가든 내가 무엇을 해야 하는지, 이 팀으로 무엇을 할 수 있는지를 바로 생각하게 되더라.

리더십은 팀과 함께 일하면서 내가 남들보다 더 노력하는 거라고 생각해. 어디에선가 읽었는데, 어느 조직에서든 내 몫보다 조금 더 하려는 사람들이 10%만 있어도 그 조직은 잘 돌아간다고 해. 100명이 있다고 해서 정확하게 100가지의 일을 똑같이 나눠서 할수는 없거든. 그럴 때 남들보다 조금 더 맡아서 책임지는 게 리더십이라고 생각해. 내가 속해 있는 조직이 잘되어야 나도 덕을 보는 거니까.

나는 2026년에 한국정보과학회 50년 역사상 최초의 여성 학회장으로 취임할 예정이야. 국내 전산학계의 많은 분들과 함께 일할 수 있게 되어서 가슴이 뛰어. 해외 학술대회 활동에서 배운 노하우로 국내 학회의 연구 실적을 널리 알리고, 경쟁력을 키우는 데 쓰고 싶어.

🎙️ 무엇을 잘해야

전산학자가 될 수 있나요?

글쎄, 무엇을 잘해야 전산학자가 될 수 있는지 바로 딱 떠오르지 않네. 대학에서 이미 전산학을 선택한 학생들을 주로 만나다 보니 진로를 고민하는 학생들과는 만날 기회가 거의 없거든. 그래서 딱히 생각해 본 적은 없지만 아주 일반적인 이야기부터 해 볼게.

전산학은 수학적 이론을 바탕에 두고 세워진 학문이야. 그래서 수학적 논리는 꼭 필요해. 그렇다고 수학만 필요한 학문은 절대 아니야. 수학이 현실의 문제에 어떻게 적용이 되고, 해결책이 사회적으로 또는 산업적으로 얼마나 큰 영향을 줄지 가늠해야 하거든.

전산학은 수학적 이론을 바탕에 두고 세워진 학문이야. 그래서 수학적 논리는 꼭 필요해. 그렇다고 수학만 필요한 학문은 절대 아니야.

전산학은 CPU, 메모리, 시간, 전력 같은 제한된 자원을 가지고, 원하는 일을 어떻게 잘 해낼지 탐구하는 분야야. 그런 연산을 표현하는 언어가 큰 부분을 차지해. 그래서 간단한 프로그래밍을 스스로 해 보면 좋겠어. 하나의 언어를 잘 쓸 줄 아는 것도 좋아. 비교문학이 여러 언어의 문학 작품 비교하면서 공통점과 차이점을 연구하는 것처럼, 프로그래밍 언어도 하나의 언어로 생각하고 비교해 보면 재미있을 거야. 어느 분야나 마찬가지겠지만 지적 호기심과 그 호기심을 해소하기 위한 적극적인 노력이 중요해.

대학에 갔을 때, 남학생 중에는 고등학교 공업 시간에 프로그래밍을 한 줄이라도 짜 봤거나 집에 컴퓨터가 있는 경우가 있었어. 그런 학생끼리 모여서 베이식BASIC: Beginner's All-purpose Symbolic Instruction Code(초보자용 다목적 기호 명령 코드)이라는 프로그래밍 언어를 주제로 이야기하는데 그 대화에 전혀 끼어들 수 없었지. 그게 그렇게 속상하더라. 그래서 당장 동네 컴퓨터 학원에 등록해서 한 달 동안 다녔어. 그 컴퓨터 학원은 누가 뭘 가르쳐 주는 곳이 아니었어. 베이식 프로그래밍 언어를 설명하는 책 한 권과 컴퓨터 한 대를 쓰게 하는 게 전부였지. 책에 있는 예제 코드를 직접 작성해서 실행해 보니 좀 알겠더라. 베이식이 어떻게 작용하는지, 남학생끼리 나눈 이야기가 뭐였는지.

서울대 공대 컴퓨터공학과 학생이 대학 도서관과 전산실에서 공부하는 게 아니라 동네 컴퓨터 학원을 다닌다는 게 좀 웃기긴 했지. 학교에서도 기본적인 것은 다 알고 입학했다고 생각했는지 베이식 언어는 안 가르쳐 주더라. 동네 컴퓨터 학원이 많은 도움이 됐어.

돌이켜보니 모르는 게 있으면 어떻게든 배우려는 적극적인 성격이 큰 도움이 됐던 것 같아. 가령 새로운 앱을 다운받을 때 무척 조심스러워하는 사람이 있는 반면, 어떤 사람은 어떤 메뉴가 있는지 모두 눌러보잖아. 난 후자야. 다운받자마자 온갖 메뉴를 다 확인하며 익히거든. 겁이 없는 게 아니라 논리적으로 새로 설치한 프로그램의 메뉴를 다 누르며 섭렵해도 아무 문제가 없다는 걸 알기 때문이지. 이런 것도 호기심을 해소하기 위한 적극적인 노력이라 생각해.

공부하면서 가장 큰 장애물은

뭐였어요?　　나는 공부를 잘하는 것과 연구를 잘하는 것은 다르다고 생각해. 그래도 공통점은 있어. 바로 체력이 좋아야 한다는 거야. 그래서 학생과 동료 교수들에게 "체력이 실력"이라고 얘기하곤 해.

학교에 다닐 때는 시험 보기 전에 반짝 공부해도 성적이 잘 나오지만, 사회생활은 달라. 회사에서는 시험 대신 새로운 계약, 제품 출시 등으로 성과를 내야 하거든. 하루이틀 벼락치기로 해결되는 업무가 아니니까 꾸준히 계속 해야 하지. 대학에서도 마찬가지야. 강의도 중요하지만 연구 논문도 중요하거든. 연구는 최소한 몇 달, 길게는 2~3년 이상 걸리는 경우도 있어. 특히 생명과학처럼 생쥐를 대상으로 실험할 때는 할 일이 참 많더라. 실험하는 동안 하루도 빠지지 않고 생쥐에게 밥을 주고, 별문제는 없는지 살펴야 하지. 석사 과정은 2년, 박사 과정은 최소 3~4년, 길게는 6~7년까지도 걸려. 건강한 사람은 그 긴 시간을 별 탈 없이 일할 수 있겠지만, 체력이 약한 사람이라면 힘들 거야. 건강하고 체력이 좋아야 같은 일을 해도 더 맑은 정신, 더 많은 시간 동안 집중할 수 있으니 체력은 꼭 키우는 것이 좋겠다.

1990년대에 미국에서 박사 과정을 밟고 있을 때 놀란 점이 있었어. 토요일에도, 일요일에도 연구실에 나오는 학생들이 거의 없더라고. 아주 급한 일이 아니고서는 아무도 출근하지 않아. 알아보니 토요일 오전에 학생 대부분이 다들 소프트볼, 수영, 축구 등 한 가지씩 운동을 하며 체력을 키우고 있었어.

나도 자전거를 사서 룸메이트를 따라 옆 동네까지 다녀오곤 했어. 나중에는 달리기도 하고, 동네 축구도 조금 했지. 타고난 체력도 좋은 편이었지만 미국 유학 시절에 배운 달리기가 건강 관리에 큰 도움이 된 것 같아. 뉴욕 마라톤 대회에서 완주도 해 봤고, 매년 하프마라톤이나 10km 대회에 한두 번씩 나가고 있는데, 이게 벌써

20년 가까이 됐네. 덕분에 세계 어디로 출장을 가든 동네를 한 바퀴 가볍게 달리면서 시차 적응을 했고, 국내 출장을 다니면서도 어디든 눈만 붙이면 잘 잤지. 이런저런 건강 문제가 생기기 시작할 나이지만 젊어서 운동을 해서인지 덜 힘든 것 같아. 아프면 만사 다 귀찮고 하고 싶은 것도 없어. 잘 먹고, 잘 자고, 좋아하는 운동 한두 개 정도 꾸준하게 하는 게 체력을 키우는 데는 최고야.

교수가 되지 않았다면

무슨 일을 하셨을까요? 고등학교 때, "이과가 적성에 맞는다"라고 생각했지만 실제로 내가 무엇을 좋아하는지 잘 몰랐어. 박사 학위를 마치고 연구소에 취직한 뒤에야 내가 뭘 좋아하는지 깨닫게 되었으니 내가 많이 느린 셈이지? 친구들이 "넌 교수가 될 줄 알았어"라고 말하는 걸 보면 나만 나를 잘 몰랐던 건가 싶기도 해.

호기심도 많고, 나름대로 추진력도 있어서 전산학이 아닌 분야를 선택했다고 해도 학교에 남았을 것 같기는 해. 만약 내가 전산학을 선택하지 않았다면 어떤 길을 갔을까?

내가 중·고등학교를 다닐 때는, 학교에서 '금융'에 대해 전혀 가르쳐 주지 않았어. 그러다 보니 신문 경제면의 기사를 읽으려고 하면 모르는 단어들이 너무 많았

> 독서는 내가 경험해 볼 수 없는 삶들을 간접 경험할 기회를 얻고, 생각의 폭과 깊이를 넓히는 방법이라 생각해.

고, 내용을 이해하기 쉽지 않았지.

집을 사려고 할 때도 가지고 있는 돈에 맞는 작은 집을 사야 할지, 대출을 더 받아서 큰 집을 사야 할지 모르겠더라. 대출 용어인 DSR_{Debt Service Ratio}(총부채원리금상환비율)과 LTV_{Loan To Value ratio}(주택담보인정비율)의 차이도 잘 몰랐지.

금융이나 경제 분야에 대한 호기심이 아직 많이 남아 있어서 전산학이 아닌 다른 분야를 고르라고 한다면 금융이나 경제학을 선택할지도 모르겠다. 유학을 가서 박사 과정을 시작했을 때, 공대 전공인데도 MBA_{Master of Business Administration}(경영 전문대학원의 경영학 석사)를 한 친구들도 있었어. 그래서 '나도 MBA를 해 볼 걸 그랬나?' 하고 생각한 적도 있었지.

전혀 다른 길이지만 요리사도 잘 맞았을 것 같아. 유학하면서 직접 음식을 해 먹었는데, 요리가 재밌더라고. 다양한 요리책을 보며 새로운 요리법을 시도해 보기도 하고, 요리법을 비교하다가 잠들 때도 많았어. 주말에 주방 가득 맛있는 음식 냄새를 맡으며 고단한 유학생 생활을 이겨냈지. 미슐랭 스타 셰프가 될 만큼 미각과 후각이 타고났는지는 잘 모르겠지만 재미있게 일할 수 있을 것 같아.

분명한 건 내가 전산학 교수가 아니었다고 해도, 어느 분야에서든 호기심을 해소하기 위해 가만히 있지 않고 추진력을 발휘했을 것 같다는 거야. 다른 분야가 아닌 지금 이 자리에 있을 수 있음에 매 순간 감사드릴 뿐이고.

정말 긴 편지였다. 그렇지? 그래서 "결론이 뭐예요?"라고 묻는

다면, 나는 끝없는 독서와 건강 관리라고 말하고 싶어. 건강 관리에 대해선 앞에서 이미 많은 이야기를 했으니 더 언급하진 않을게.

우리는 단 한 번 나 자신의 삶만 경험할 수 있잖아. 독서는 내가 경험해 볼 수 없는 삶들을 간접 경험할 기회를 얻고, 생각의 폭과 깊이를 넓히는 방법이라 생각해. 그것이야말로 전공 분야를 막론하고 꼭 필요한 일이거든.

어떤 책을 읽으면 좋겠냐고? 정답은 없어. 그냥 네가 궁금하고 관심 있는 분야의 '좋은 책'이면 돼. 자기계발서나 시험 대비 서적들은 제외하고 말이야!

마지막으로 해 줄 말은 이거야. "다 잘될 거야!"

네가 하고자 하는 모든 일에 행운이 깃들길 기원할게. 안녕!

궁금하면 과학이야!

초판 1쇄 인쇄 2026년 2월 5일
초판 1쇄 발행 2026년 2월 10일

기획 한국여성과학기술단체총연합회
지은이 김현정, 김현진, 김희, 문수복,
석차옥, 이종은, 이지현
펴낸이 조승식
펴낸곳 도시출판 북스힐
등록 1998년 7월 28일 제22-457호
주소 서울시 강북구 한천로 153길 17
전화 02-994-0071
홈페이지 www.bookshill.com
인스타그램 @bookshill_official
블로그 blog.naver.com/booksgogo
이메일 bookshill@bookshill.com

ISBN 979-11-5971-733-8
정가 15,000원